U0257400

北京城市公园鸟类及其保护

Bird Research and Conservation in Beijing Urban Parks

北京市公园管理中心
北京动物园管理处
组编

中国农业出版社
北 京

颐和园豳风桥

玉渊潭的清晨

紫竹院公园秋季鸳鸯集群

内容简介

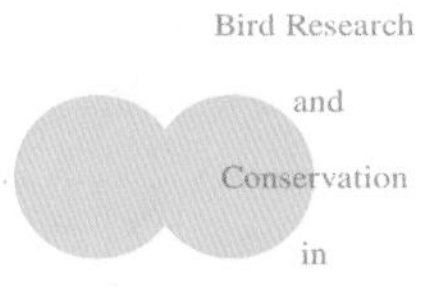

本书是北京市公园管理中心统筹课题“市属公园鸟类调查与保护研究”课题成果之一。书中介绍了北京市自然地理概况，阐述了部分市属公园的环境特点，重点介绍了课题组在颐和园、天坛公园、玉渊潭公园、国家植物园（北园）和北京动物园等 5 家市属公园进行的鸟类调查和保护情况，介绍了鸟类形态结构、鸟类学术语、观鸟基础知识和技巧，采用 500 余幅鸟类生态照片展示了北京城市公园 222 种鸟类的识别特征，介绍了部分公园在鸟类调查、鸟类救护、自然繁殖及公众教育等方面的特色保护案例，提出了对观鸟拍鸟者的“六要，六不要”道德规范，以及城市公园鸟类保护管理建议。

本书适合从事野生动物研究与保护、生物多样性保护、园林设计、科学普及和自然教育的科技人员，以及鸟类爱好者、教师、学生阅读和使用，也可为城市公园鸟类保护管理提供参考。

编委会

编写人员

主　编　李　高

副主编　宋利培　丛一蓬

执行主编　崔多英　张成林　张　欢

执行副主编　张传辉　金　衡　梁　莹　陈红岩　林轩露　孟雪松

编　者　（以姓氏笔画排序）

王　丰　王　伟　王占深　毛　宇　邓　晶　艾春晓　卢　岩　申　珂
丛一蓬　刘　佳　刘　燕　孙玉红　孙冬婷　纪　翔　李　高　李兆楠
李淑红　杨凌帆　宋利培　张　欢　张　敬　张成林　张传辉　张皓楠
陈红岩　林轩露　尚　铭　金　衡　周　娜　郑常明　孟雪松　赵　娟
郝菲儿　胡　琨　柏　超　姜天垚　袁　昕　聂　晶　贾　婷　徐　新
高　杨　龚　静　崔多英　梁　莹　蒋　鹏　普天春　滑　荣　詹同彤

绘　图　申　珂　李淑红

鸟种图片审核　高　武　李兆楠　孟　彤　毛　宇　尚　铭

摄　影　（以姓氏笔画排序）

马德成　王　军　王国庆　王京生　王景强　孔繁成　叶　恒　田　术
田冀光　付艳华　刘　明　刘　佳　刘玉平　刘国庆　宇玉云辉　孙建平
李东明　李占芳　李兆楠　李洪文　杨　奇　吴秀山　余凤忠　宋国华
宋炜东　张　姜　张　硕　张小明　张传辉　张芮源　张季昳　张钢聚
张晓莲　陈红岩　范　明　金　衡　赵永强　赵建英　郝京民　郝建国
姜天垚　胥一涵　羿　健　袁　昕　徐永春　郭　晗　崔多英　梁　莹
董亚力　戴少华

夏日荷塘里的黄斑苇鳽（*Ixobrychus sinensis*）

序一

公园，在城市发展进程中对保护城市生态和生物多样性发挥了重要作用。北京市属公园，这些珍贵的遗产园林和历史名园，是承载北京古都风貌和城市形象的金名片，同时也在北京建设生物多样性之都、促进城市人与自然和谐发展进程中做出积极的贡献。颐和园、天坛公园、北海公园、香山公园、国家植物园等 11 家市属公园有着丰富的植物、动物、山水生态资源，其中香山、国家植物园内有大面积自然森林；颐和园、北海、景山的山体为传承中国传统山水园林理念人工堆积，形成浑然天成的自然山林景观；天坛是城市中心最大的绿地，古柏森郁，被称为城市“绿肺”；颐和园、北海、玉渊潭、紫竹院等公园水体面积共计 423 hm^2，是北京城市湿地系统的重要组成部分。这些公园优越的自然条件为动植物的栖息生长提供了良好的生态环境。

多年来，北京市公园管理中心坚持以生态文明建设为主导，牢固树立尊重自然、顺应自然、保护自然的理念，在市属公园中积极推进生物多样性保护、无公害防治、水体治理、生态文明宣传等各项生态保护工作：通过加强古树名木保护，传承历史园林植物文脉；加强乡土植物的研究和应用，进一步完善园林的生态系统和景观环境；守护发展种质资源，着力推进动植物就地保护和迁地保护；通过维护古代集水设施，复原园林古水系，营建生态湿地、滨水绿化景观带、雨水花园，串联城市海绵绿地；大力推行园林植物病虫害无公害防治，维护自然生态平衡。这些做法，为城市带来勃勃生机和环境效益，在保护城市生态和城市生物多样性方面取得显著成效。

目前，11 家市属公园的绿地面积占陆地总面积的 73%，现有一级、二级古树名木 13 967 株；记录到鸟类 252 种，占北京市鸟类种数的 51.12%，其中有国家一级重点保护野生动物 9 种、国家二级重点保护野生动物 45 种、北京市一级重点保护野生动物 20 种、北京市二级重点保护野生动物 92 种。调查显示，市属公园具备健康完备的生态系统，已成为北京鸟类，尤其是濒危鸟类的重要栖息地和庇护所。

为进一步提升公园生物多样性保护管理水平，北京市公园管理中心统筹开展了北京市属公园环境、植被特点和鸟类分布等调查研究工作，其成果汇集为《北京城市公园鸟类及其保护》一书，其中还记录了公园开展的生物多样性保护教育活动，以及对鸳鸯、雨燕等深受市民喜爱的鸟类成功保护的案例，提出建设鸟类友好型公园的管理建议。希望本书为城市公园生物多样性保护及公众科学和自然教育工作提供有益借鉴。

生物多样性让公园更具魅力，生物多样性让城市更加美好！

北京市公园管理中心　主任

2023 年 12 月

栖息在城市公园里的绿头鸭（*Anas platyrhynchos*）

玉渊潭公园湖面上飞行觅食的家燕（*Hirundo rustica*）

序二

在脊椎动物中，鸟类仅次于鱼类，是物种多样性第二多的类群。全世界现存鸟类已知有 10 000 多种，我国有 1 500 余种。鸟类中很多种类外形美丽，声音悦耳，一直深受人们喜爱。在中国的传统文化中，喜鹊、鸳鸯、丹顶鹤、红腹锦鸡等鸟类常被视为吉祥动物。很多鸟类具有长距离迁徙的习性，每年春季和秋季成群结队地在天空中飞行，在不同的季节往返穿梭在越冬地与繁殖地之间。鸟类的食物多种多样，包括植物果实、种子、茎叶、花蜜，以及昆虫、鱼类、蛇类和鼠类，有些鸟类还以腐肉为食。大多数鸟类都是日间活动，但也有一些鸟类（如鸮形目鸟类、夜鹰、夜鹭）主要在夜间或者晨昏时外出觅食。鸟类分布在多样化的生境中，从冰天雪地的两极到"世界屋脊"，从波涛汹涌的海洋到茂密的丛林，从人迹罕至的荒漠到高楼林立的城市，只要有食物、水源和适于栖身的小生境，就会有鸟类生存的踪迹。

鸟类是城市生物多样性的重要组成部分。一个城市鸟儿的数量，可侧面反映城市的生态质量和宜居程度。公园是城市生态环境最美的区域，也是鸟类的重要栖息地。北京是一个国际化大都市，截至 2022 年，已经拥有各种公园绿地 1 090 处，为野生鸟类的栖息繁殖提供了良好的环境条件。然而由于缺乏长期系统性的调查监测，有关北京城市公园鸟类多样性的现状及其变化尚无深入的研究报道。

在北京市公园管理中心的精心组织下，北京动物园等市属公园的专业技术人员采用科学规范的调查方法，对北京动物园、国家植物园（北园）、颐和园、天坛公园、玉渊潭公园等 5 个具有代表性的重要城市公园的鸟类资源进行了系统调查，获得了这些公园内鸟类种类、种群数量、分布地点等方面的第一手资料，有关成果补充和完善了北京城市生物多样性的数据库，为北京市建设“生物多样性之都”提供了重要依据。

《北京城市公园鸟类及其保护》一书是上述调查课题成果的系统总结。该书介绍了北京城市公园的环境特点，描述了城市公园常见鸟类的种类、分布及生态习性。全书内容丰富，图片精美，不仅是城市公园管理的重要参考资料，也适合于中小学生和鸟类爱好者野外观鸟使用。祝贺北京市公园管理中心组织出版这本书，也感谢所有参与本书编写的专业人员的辛勤付出。我相信，该书的出版将有助于加强北京市的生物多样性保护工作，对于推广公民科学和开展自然教育也具有重要意义。

张正旺

北京师范大学　教　授
北京动物学会　理事长
2023 年 11 月

前言

鸟儿是大自然的精灵，是自然生态系统的重要成员。大多数鸟类在消灭农林害虫和害鼠方面有特殊贡献，是维持自然界生态平衡的积极因素。例如，杜鹃、灰喜鹊嗜食各种大小的毛虫，某些鸟类喜食成虫，啄木鸟捕食树皮小蠹虫及虎橡天牛、山毛榉天牛等蛀干害虫的幼虫，即使是一些食谷鸟类，在育雏阶段也会以昆虫等动物性食物喂养雏鸟，以保证雏鸟的存活及正常发育。猛禽（鹰、鸮、隼、雕等）常以森林、草原、农田中的鼠类为食，一些鸦科鸟类和伯劳也能捕食鼠类，它们与其他天敌一道，共同抑制鼠类数量。

很多鸟类，特别是兀鹰、猫头鹰等猛禽及海鸥、乌鸦等，都有嗜食腐肉的习性，被称为自然界的清道夫。它们在消灭患病的动物和腐烂尸体、消除有机物对环境污染方面有特殊贡献。鸟类可吃掉将幼虫寄生在家畜体外的昆虫，椋鸟和食蜱类鸟可解除危及家畜和野生动物的蜱害及其他寄生虫侵害。许多鸟类是开花植物的传粉者，尤其是某些热带鸟类，如蜂鸟、太阳鸟、啄花鸟、绣眼鸟、鹎、管舌鸟及鹦鹉，常是某些开花乔木和灌木的重要授粉者。没有这些鸟类，自然界的生态平衡可能会被严重扰乱。另外，许多鸟类有储藏种子的行为。松鸦通常将球果藏在落叶、苔藓、石块下，储藏的球果并不都能被它们重新找到，这些被遗忘的果实常是森林扩展的一个原因。有些食虫鸟类，如啄木鸟、鸫、山雀和鸸也是重要的散布种子的鸟类，它们通过排粪将种子散布到远方。鸟类散布种子的距离可长可短，许多迁徙鸟类消化道中仍有可存活的种子，它们散布的距离可能稍远些。有研究显示，某些硬壳的植物种子通过鸟类消化道后更容易萌发。

城市公园是鸟类的重要栖息地，为鸟类提供食物、水和隐蔽等生境要素，鸟类多样性则是评价城市生态环境质量的重要指标。《北京城市公园鸟类及其保护》是北京市公园管理中心统筹课题“市属公园鸟类调查与保护研究”的重要成果，兼顾科研与科普双重功能。绿水青山就是金山银山，“市属公园鸟类调查与保护研究”课题以习近平生态文明思想为指导，生动践行“两山论”，主张在园林规划建设过程中注重乔灌草垂直结构及本土植物选择，适度“留野”，探索北京城市公园生物多样性保护与恢复的新路径、新模式，试图解决园林绿地“绿而不活，有林没鸟”的生态学问题，以践行“生态园林，自然北京”的美好愿景。

为便于科研监测专业人员和自然保护管理人员及社会爱鸟人士使用本书，在第六章“北京城市公园鸟类介绍”部分，按照鸟类的生态类群(陆禽、游禽、涉禽、攀禽、猛禽、鸣禽)分类呈现。在公园鸟类调查的基础上，从上万张鸟友拍摄的照片中臻选出500余幅鸟类生态照片，对222种公园鸟类进行直观展示，便于读者阅读使用。

由于编者专业能力和水平有限，书中难免出现疏漏，敬请读者批评指正。

编　者

2023年10月于北京

目录 Contents

第一章

缘起

Bird Research and Conservation in Beijing Urban Parks

第一节 课题立项意义

生物多样性（biodiversity）是美国野生生物学家和保育学家雷蒙德在 1968 年提出的生态学术语。生物多样性是生物（动物、植物、微生物）与环境形成的生态复合体，以及与此相关的各种生态过程的总和，包括生态系统多样性、物种多样性和基因多样性三个层次。生物多样性使地球充满生机，也是人类生存和发展的基础。保护生物多样性有助于维护地球家园，促进人类可持续发展。

生物多样性是人类赖以生存和赓续发展的基础。生物多样性保护是生态文明建设的重要内容之一。加强城市生物多样性的保护工作，对于维护城市生态安全和生态平衡、改善人居环境等具有重要意义。城市生物多样性维持了城市生态系统的健康与高效，也是生态系统服务功能的基础。

城市鸟类多样性是城市生物多样性的重要组成部分和生态环境质量的重要评价指标，城市鸟类的种类和数量直接反映城市生物多样性水平。随着全球高度城市化发展，城市规模不断扩大、城市景观不断变迁等，对城市鸟类多样性带来的影响越来越大。城市野生动物尤其是鸟类群落是评价一个城市环境质量的重要指标。近几年，随着生态园林城市的建设，城市鸟类多样性越来越受到城市自然保护人士的广泛关注，有关城市鸟类多样性的研究受到各方学者重视，开始从鸟类迁徙、城市景观、城市绿化、公园建设等方面对城市鸟类多样性及其影响因素进行研究。

城市公园为鸟类提供食物、水和隐蔽等基本生境要素。北京有各类公园超过 1 000 个，分布于北京的城区、郊区各处，与居民生活密切相关。北京城市公园不仅承载着厚重的历史和文化内涵，其城市园林、低山森林和湖泊湿地等生态系统也为鸟类、小型兽类、两栖动物、爬行动物、鱼类、昆虫、软体动物等提供赖以生存的自然栖息地。深入了解城市鸟类多样性与城市公园人文和自然景观的关系，可对野生鸟类的保护起促进作用，为生态视野下城市公园规划建设和保护研究提供参考。

北京市公园管理中心下辖 14 个直属单位，其中颐和园、天坛公园、北海公园等 11 家公园全部被列入北京首批历史名园，均为国家 5A、4A 级旅游景区；中心颐和园、天坛公园为世界文化遗产单位，中山公园（社稷坛）、景山公园为中轴线上重要遗产点。中心有 9 家全国重点文物保护单位，10 家国家重点公园，4 家全国科普基地，5 家北京市科普基地，并拥有 13 967 株古树名木和丰富的生物多样性资源，是北京人文特色、传统风貌的物质载体，是北京面向全国、面向世界的城市魅力名片和国际交往平台。

2020—2022 年，北京市公园管理中心选取北京动物园、颐和园、天坛公园、玉渊潭公园、国家植物园（北园）作为主要研究地点，开展城市公园鸟类多样性调查和保护研究，研究区域覆盖动植物专类园、城市中心区域公园、山地森林与湖泊湿地等多种环境类型的城市公园，重点研究城市公园的鸟类多样性及保护现状，为城市公园管理提供基础资料，为公园提升生物多样性管理水平提供参考。

第二节　研究基础

课题牵头单位北京动物园是专类公园，有 100 多年的历史，在野生动物科学研究、饲养繁殖、保护教育等方面积累了大量的经验，在大熊猫（*Ailuropoda melanoleuca*）、黔金丝猴（*Rhinopithecus brelichi*）、朱鹮（*Nipponia nippon*）、黑颈鹤（*Grus nigricollis*）、绿尾虹雉（*Lophophorus lhuysii*）等珍稀动物的饲养繁殖、疾病防控、保护研究等方面取得了重要成果，获得了国家级、市级奖励。近几年，相继开展丹顶鹤（*Grus japonensis*）、鸳鸯（*Aix galericulata*）、绿孔雀（*Paro muticus*）、青头潜鸭（*Aythya baeri*）等动物的就地保护、迁地保护和野化放归研究，系统开展绿孔雀野外生存状况调查，为主管部门保护决策提供科学依据；在全世界首次开展人工繁育丹顶鹤野化放归工作，并开展系统的科学监测，释放丹顶鹤适应野外环境，成功存活并配对，繁殖后代。最近监测发现，野化放归丹顶鹤后代参与迁徙，补充了丹顶鹤西部迁徙种群的数量，对脆弱的丹顶鹤西部迁徙种群保护意义重大；北京动物园鸳鸯保护项目组连续 14 年野化放归鸳鸯 330 只，为北京地区野生鸳鸯种群复壮做出了重大贡献；建立了我国第一个青头潜鸭人工种群，繁殖出子二代个体。动物园有重点实验室、兽医院、饲养队等专门的机构、设备、人员，积累了野生动物饲养、繁殖、种群管理、饲料营养、疾病防治、野化放归等多方面经验，总结了相关技术，制定了管理制度和操作规程，为科研课题提供了必要的支持。

2020 年，北京市公园管理中心以统筹课题的形式，设立了“市属公园鸟类调查与保护研究”课题（以下简称“课题”），北京动物园为课题牵头单位，制订了课题总体实施方案，确定调查方法和技术路线，在颐和园、天坛公园、玉渊潭公园、国家植物园（北园）和北京动物园同时进行调查研究。北京市公园管理中心是课题统筹单位，在人力、资金等方面给予课题支持，保证课题顺利开展。

课题参与单位均为公园管理中心所辖公园，具有多年的鸟类观察、救护、保护教育经验：

颐和园连续 10 多年观察雨燕的繁殖、迁徙规律；天坛公园多年来持续开展观鸟科普活动，制作了系列观鸟宣传品；玉渊潭公园开展湿地鸟类调查和科普教育，编写了湿地鸟类手册；国家植物园（北园）进行了植物、动物、昆虫等系统研究。各单位均积累了大量研究经验和资料。

课题组主要参加人曾经主持完成国家自然科学基金、生态环境部、国家林业和草原局等部委及北京市公园管理中心的鸟类资源调查项目，课题组成员具备丰富的鸟类多样性调查理论知识和实践经验。课题主要参加人具备鸟类学研究专业知识背景，大部分参加人具有博士、硕士学历或研究员、副研究员等高级职称。

课题组与中国科学院动物研究所、东北林业大学、北京师范大学等研究单位和北京市野生动物主管部门有密切合作，曾经顺利完成多项国家级和省部级鸟类调查项目。本课题进行过程中，开展了联合调查，结合各单位在鸟类野外调查的强项，优势互补，共同完成课题任务。

第三节 主要成果

在北京市公园管理中心大力支持和参加单位的共同努力下，中心统筹“市属公园鸟类调查与保护研究”课题（2020 年 1 月至 2022 年 12 月）圆满完成，研究成果荣获 2022 年度北京市公园管理中心科技进步一等奖。

在 5 家市属公园记录到鸟类共计 19 目 56 科 147 属 252 种，占北京市鸟类种数（493 种）的 51.12%。其中，颐和园 143 种，天坛公园 142 种，玉渊潭公园 164 种，国家植物园（北园）119 种，北京动物园 103 种。麻雀（*Passer montanus*)）、喜鹊（*Pica pica*）、灰喜鹊（*Cyanopica cyanus*）是优势种，白头鹎（*Pycnonotus sinensis*）、灰椋鸟（*Spodiopsar cineraceus*）、大嘴乌鸦（*Corvus macrorhynchos*）是常见种。调查发现国家一级保护动物 9 种，国家二级保护动物 45 种，项目研究分析了各公园鸟类群落的特点及与公园环境的关系。结果表明，北京城市公园是鸟类的重要栖息地和迁徙停歇地，是城市生物多样性保护的重要载体。

课题提出了城市公园鸟类多样性保护管理建议：

（1）提升环境异质性水平。在公园中营造大面积多树种阔叶林，增加鸟类群落多样性。高大乔木可吸引自然营巢的喜鹊、灰喜鹊，保留一定数量的天然树洞用于招引鸳鸯、灰椋鸟等洞巢鸟类，河湖堤岸由垂直的混凝土结构改造为土质缓坡，便于繁殖期水禽雏鸟上岸休息。

（2）栽种食源植物，保留荒野自然。合理种植金银忍冬（*Lonicera maackii*）、鸡树条荚蒾（*Viburnum opulus*）、水栒子（*Cotoneaster multiflorus*）、元宝枫（*Acer truncatum*）、白蜡（*Fraxinus chinensis*）、松柏类（*Coniferales*）及本土草本植物等食源植物，可有效提高城市公园鸟类多样性水平。荒野是鸟类的自然家园，城市公园提升改造过程中适度“留荒/留野”，在城市公园内部保留一部分自然区域，为鸟类提供适宜栖息地。

（3）构建公园植被垂直结构及边缘效应，注重乔、灌、草合理配置和多种生境的镶嵌关系。增加植被在垂直结构上的层次和边缘效应是提高鸟类群落多样性的必要措施。

（4）科学管护园林景观生态系统。园林植物病虫害防治以生物/生态防治为主，减少农药使用量。在园林植物保护管理、湿地维护过程中充分保护鸟类栖息地。

课题提出了城市公园观鸟拍鸟道德规范，比如：在观鸟拍鸟时，要遵守法律和规定，保持安静，保持安全距离，服从管理，穿着与环境相融的服装，科学救助受伤的鸟。不要投喂鸟类，不要使用闪光灯，不要诱导拍摄，要去除或移动树枝，不要拍打或晃动树干，不要捡拾落地雏鸟。

课题在颐和园、天坛公园、玉渊潭公园、国家植物园（北园）和北京动物园等5家市属公园共计开展鸟类调查340次，总计850 h，累计调查样线长度1 700 km；参加人员1 360人次，主要为课题组成员、观鸟爱好者，以及自然之友、北京观鸟会等民间观鸟组织成员。

课题组在众多鸟友的大力支持和热情帮助下，收集鸟类生态照片上万张，并从中精选500余幅222种鸟类照片在本书中展示。

该统筹课题系首次系统开展北京市属城市公园鸟类多样性本底调查，丰富了北京城市生物多样性研究内容。研究结果为城市园林和国家野生动物主管部门决策提供了科学依据。

北京上空自由飞翔的鸳鸯

第二章

鸟类学基础

Bird Research and Conservation in Beijing Urban Parks

第一节
鸟类外部形态结构

一、鸟类全身结构

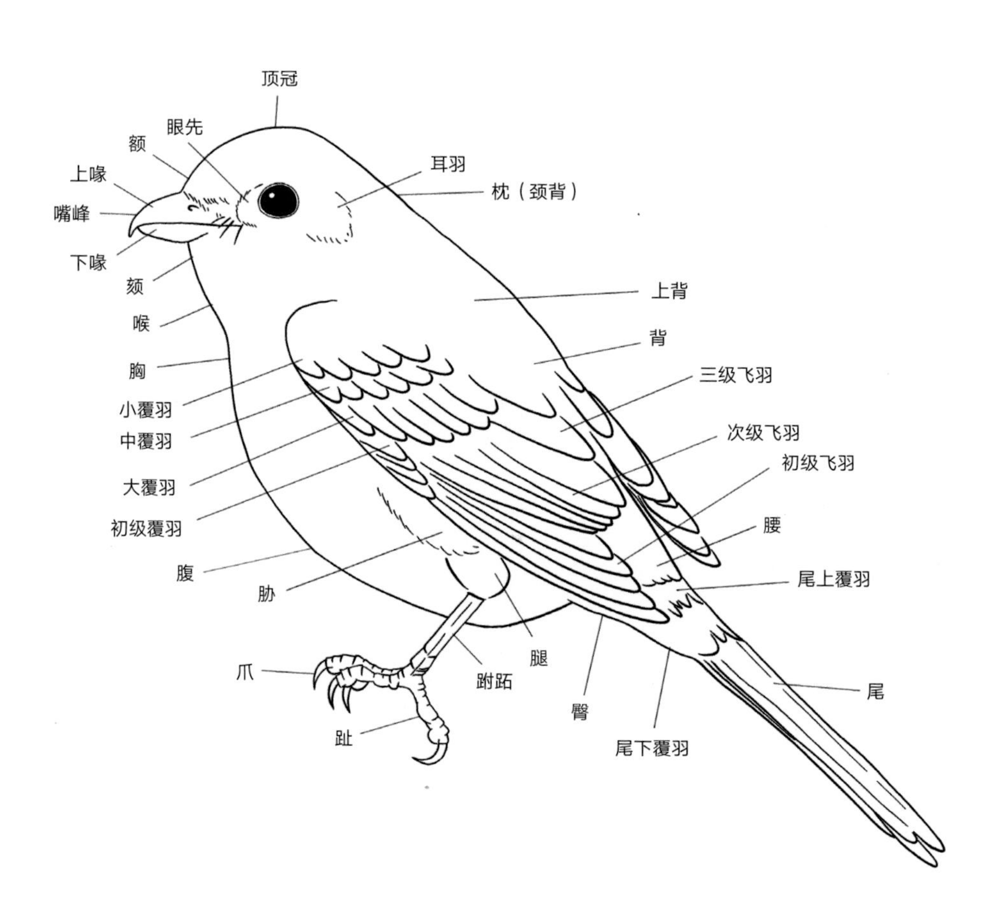

鸟类全身结构示意图

二、鸟类头部结构

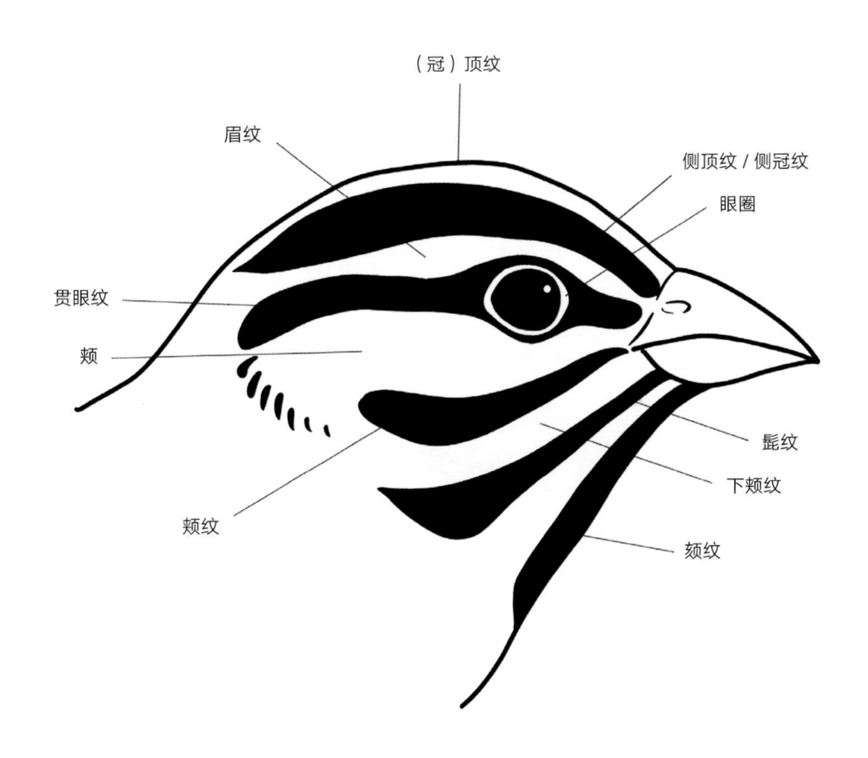

鸟类头部结构示意图

三、鸟翅结构

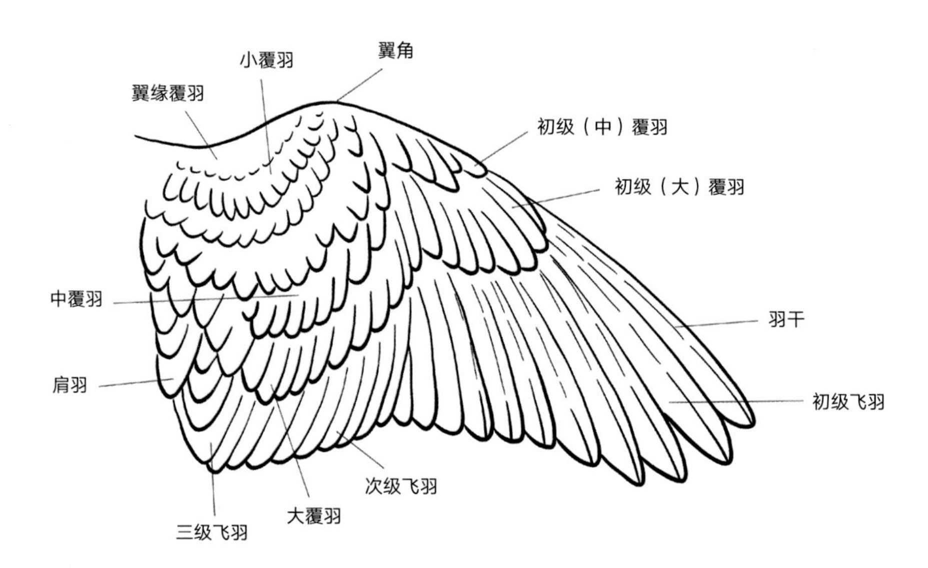

翼上结构示意图

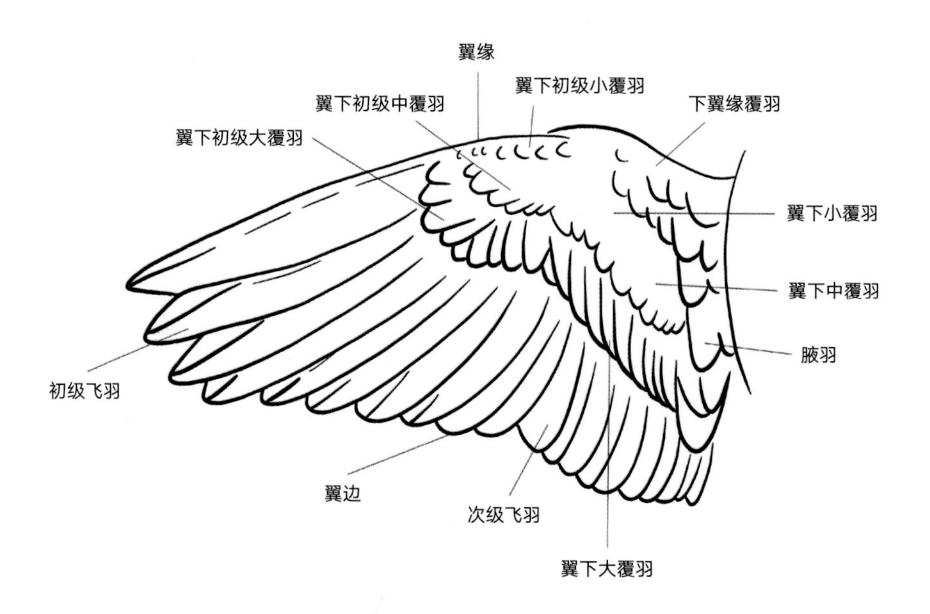

翼下结构示意图

四、鸟足和蹼结构

（一）足的结构

常态足：3 趾朝前、1 趾朝后的正常足型。

对趾足：第 2、3 趾朝前，第 1、4 趾朝后。

异趾足：第 3、4 趾朝前，第 1、2 趾朝后。

并趾足：似常态足，但前趾基部有不同程度的连并现象。

前趾足：4 趾均朝前。

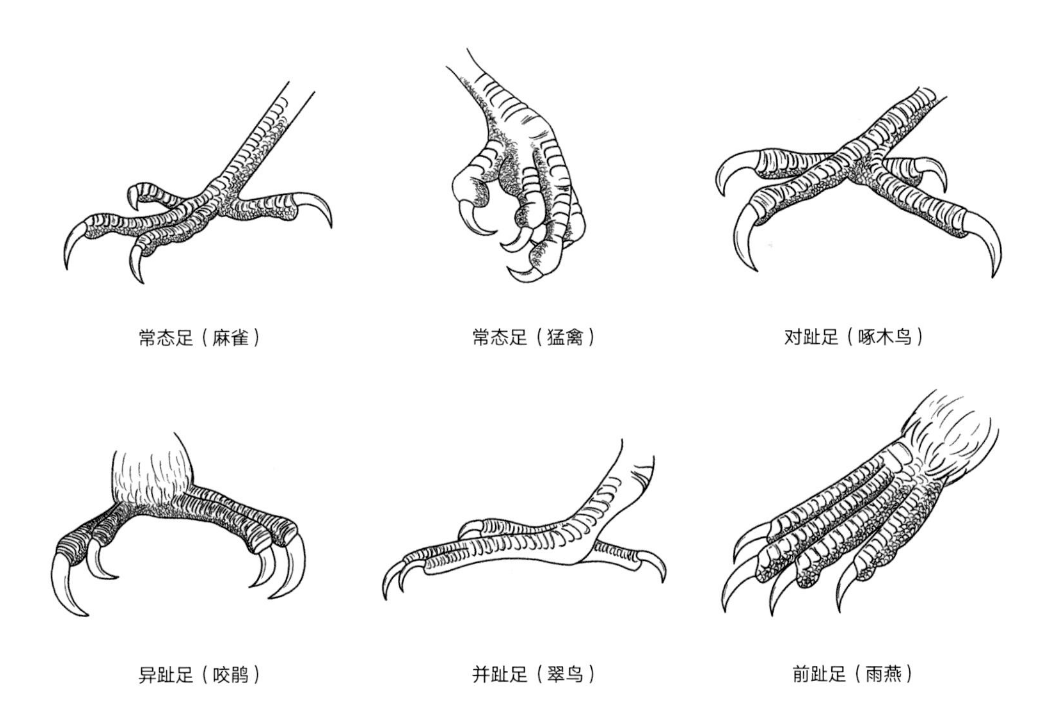

常态足（麻雀） 常态足（猛禽） 对趾足（啄木鸟）

异趾足（咬鹃） 并趾足（翠鸟） 前趾足（雨燕）

鸟类的足

(二)蹼的结构

蹼足：前 3 趾的趾间具发达的蹼膜。

凹蹼足：与蹼足相似，但各趾间蹼膜显著凹入。

半蹼足：趾间蹼较凹蹼足更不发达，蹼仅见于趾间基部。

全蹼足：4 趾间均以蹼相连。

瓣蹼足：各趾两侧均有花瓣状的蹼。

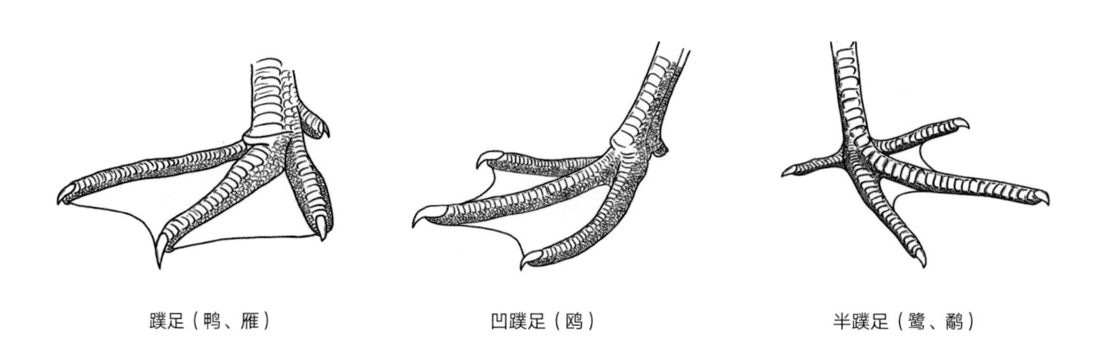

蹼足（鸭、雁）　凹蹼足（鸥）　半蹼足（鹭、鹬）

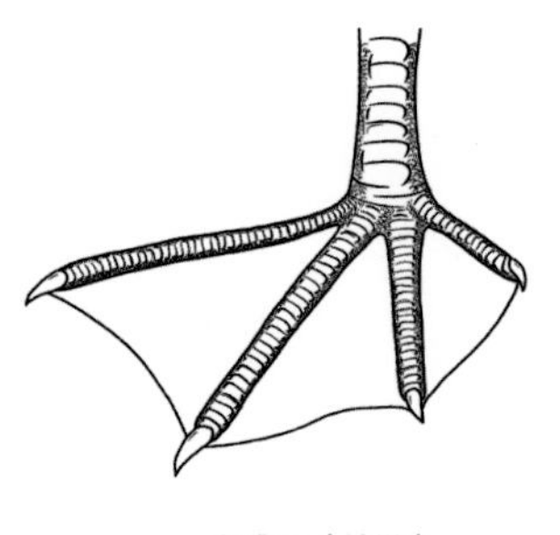

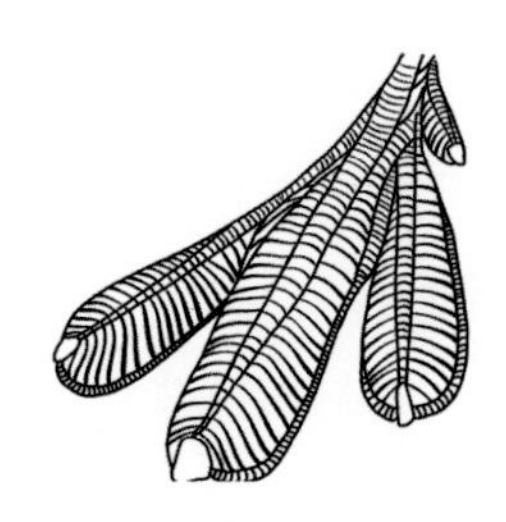

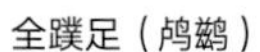

全蹼足（鸬鹚）　瓣蹼足（䴙䴘）

鸟类的蹼

五、鸟体常用参数测量说明

全长（体长）：鸟类平躺，全身舒展，喙尖至尾端的直线距离。

尾长：尾羽基部至末端的直线距离。

翼长：翼角（腕关节）至最长飞羽先端的直线距离。

嘴峰长：自喙基与羽毛的交界处，沿喙正中背方的隆起线，一直至上喙喙尖的直线距离；有蜡膜的种类（如猛禽、鸠鸽类），为蜡膜到喙尖的距离。

头喙长：喙尖至枕部的直线距离。

口裂长：喙尖至口角的直线距离。

跗跖长：自跗间关节中点，至跗跖与中趾关节前面最下方整片鳞的下缘。

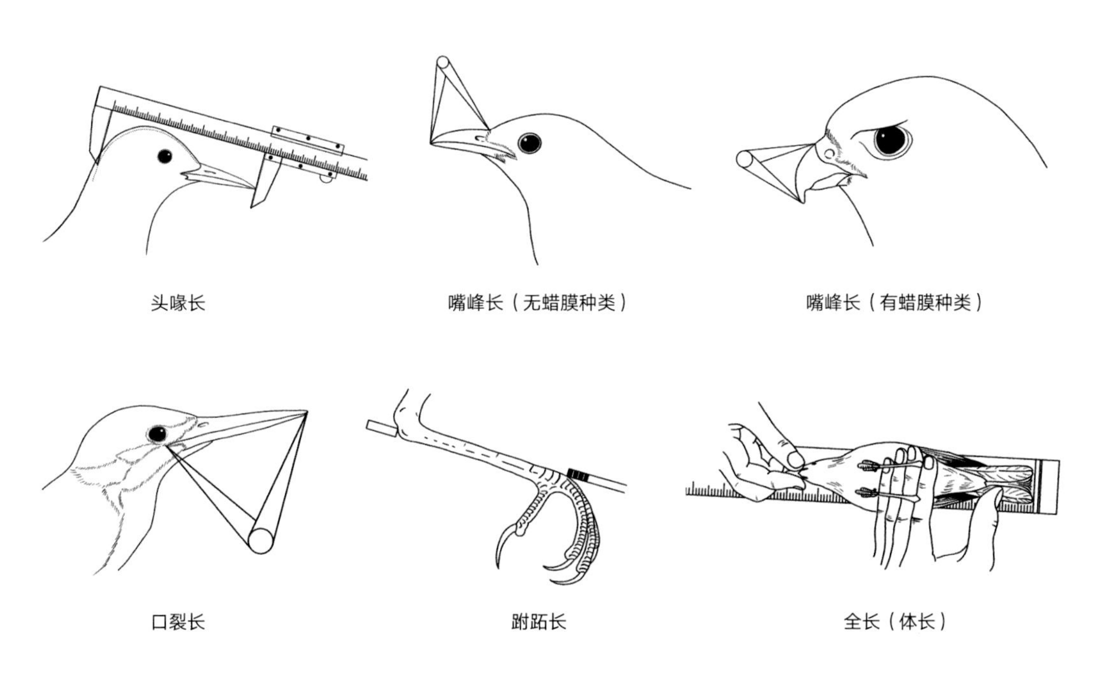

鸟体测量方法示范

第二节 鸟类学术语

一、物种与个体

1. 雀形目（passerine） 指“栖禽”（perching birds，但汉语一般作“鸣禽”，即songbirds）的所有科，其爪部结构与非雀形目不同，为3趾向前、1趾向后。

2. 非雀形目（non-passerine） 与雀形目鸟类在爪的结构上不同的鸟类。

3. 猛禽（raptor） 掠食性鸟类。

4. 亚种（subspecies） 某个种内形态上相似而有别于种内其他种群的种群。

5. 品种（race） 经过人工选择和培育，具有一定经济价值和共同遗传特征的家养动物或栽培植物类群。

6. 成鸟（adult） 性成熟并能繁殖的鸟。

7. 未成年鸟（immature） 指处于成鸟之前时期的鸟，包括幼鸟和亚成鸟。

8. 亚成鸟（subadult） 处于未成年个体晚期的鸟。

9. 幼鸟（juvenile） 雏后换羽并能飞行的鸟，其雏绒羽（natal down）刚换为正羽。

10. 雏鸟（fledgling） 部分或完全被羽，但尚无或仅具部分飞行能力，因此尚无法自由飞行的幼鸟。

二、地理分布

1. 古北界（palaearctic） 北非、欧洲大陆、喜马拉雅山脉和秦岭以北的亚洲地区。

2. 新北界（nearctic） 北美洲、中美洲及部分加勒比海群岛。

3. 全北界（holarctic） 古北界和新北界的总称。

4. 东洋界（oriental） 秦岭以南的亚洲、南亚次大陆、东南亚和华莱士区。

5. 泛热带界（pan-tropical） 全球热带地区。

6. 旧世界（old World） 古北界、热带界和东洋界的总称。

7. 广布（cosmopolitan） 近乎为全球性分布的物种。

8. 地区性（local） 分布不连续、不规则，或仅见于某些地区。

9. 远洋性（pelagic） 栖于远洋。

10. 同域分布（sympatric） 分布区重叠。

11. 异域分布（allopatric） 分布区不重叠。

12. 特有性（endemic） 分布局限于某一特定地区的原生种（或亚种）。

三、生态习性

1. 迁徙（migratory） 作有规律的地理迁移。
2. 日行性（diurnal） 于昼间活动。
3. 晨昏性（crepuscular） 于晨昏时分活动。
4. 夜行性（nocturnal） 于夜间活动。
5. 偶见鸟（accidental） 迷鸟或漂鸟。
6. 漂鸟（vagrant） 罕见或不定期出现的鸟。
7. 野化（feral） 圈养动物个体放归或逃逸至野外。
8. 树栖（arboreal） 栖于树上。
9. 地栖（terrestrial） 栖于地面。
10. 水生（aquatic） 栖于水中。
11. 栖宿（roost） 鸟类停歇或夜栖的地点。
12. 群居性（gregarious） 集群而居。
13. 掠食性（piratic） 从其他鸟类或其他动物掠抢食物。

四、食性

1. 食肉性鸟（carnivore） 主要食兔、鼠、鸟、鱼、蛙、蛇等动物性食物。

2. 食虫食肉鸟(insectivorous and carnivore birds） 取食昆虫(＞30%)和鼠、鸟、蛇、蛙等小型动物。

3. 食果鸟（frugivore） 主要取食水果的鸟或文献记载食物中水果含量大于60%。

4. 食果食虫鸟（frugivorous and insectivorous birds） 取食水果和昆虫约各占一半。

5. 食谷鸟（granivore） 主要取食谷物、植物种子。

6. 食虫鸟（insectivore） 取食昆虫的比例大于60%。

7. 食谷食虫鸟（granivorous and insectivorous birds） 以昆虫、谷物和种子等为食，但每类食物的比例都不占优势，即低于50%。

8. 杂食性鸟（omnivore） 取食植物、动物、昆虫等多种食物。

五、鸟类行为

1. 气场（jizz） 指鸟类的某些难以名状的特征，通常为其动作特征。

2. 步态（gait） 行走的姿势。

3. 翱翔（soaring） 利用上升气流而无需振翅的上升飞行。

4. 滑翔（gliding） 两翼平伸或略呈后掠状而无振翅动作的平直飞行。

5. 潜行（skulk） 以隐秘而难以被发现的方式在近地面处匍匐行进或飞行。

6. 隐蔽（cryptic） 具有保护色、伪装色以及相应的隐蔽行为。

7. 鸣唱（song） 在求偶炫耀和占域时发出的叫声。

8. 二重唱（duetting） 雄、雌鸟相互鸣唱并应和的行为。

9. 装饰音（grace note） 在鸣唱主体部分之前的细软引导音。

10. 作“呸”声（pishing） 发出似鸟类告警的尖厉声音以吸引其注意力，通常用于让隐蔽处的雀形目小鸟现身。

11. 惊出（flush） 指鸟类（或其他动物）从其躲避处受惊逃出的行为。

12. 回声定位（echolocation） 通过发送高频率声波以确定物体的位置。

六、鸟类形态特征

1. 特征性（diagnostic） 足以进行识别的独特特征。

2. 顶端（apical） 物体的端部或外缘。

3. 次端（subterminal） 近形态学结构端处的区域。

4. 末端（terminal） 形态学结构的端部。

5. 雄鸡 / 翘（cock） 通常指雉类的雄鸟；作动词时，亦指头部或尾部高耸翘起的动作。

6. 顶部（cap） 通常指顶冠（crown）及其周围区域。

7. 中部（median） 位于中间部位。

8. 基部（basal） 形态学下端。

9. 近基部（proximal） 近形态学结构下端的区域。

10. 上体（upperparts） 身体的背面，通常由头部至尾羽。

11. 下体（underparts） 身体的腹面，通常由喉部至尾下覆羽。

12. 头部（head） 额部、顶冠、枕部和头侧的总称，但不包括颏和喉部。

13. 冠（crown）对于鸟类而言，指其头部的顶冠区域；对于树木而言，指其树冠区域的枝叶。

14. 前枕（occiput） 顶冠的后部（位于后枕，即 nape，也就是通常说的“枕部”之前）。
15. 额盔（frontal shield） 从额部至上喙基部的裸露角质或肉质结构。
16. 喙盔（casque） 上喙部隆起的区域。
17. 颊区（malar area） 喙基、喉部和眼部之前的区域。
18. 蜡膜（cere） 位于上喙基部（包括鼻孔）的蜡质或肉质裸露结构。
19. 脸部（face） 眼先、眼部、颊部和下颊部的总称。
20. 嘴裂（gape） 鸟喙基部的肉质区域。
21. 嘴须（rictal bristles） 喙基裸露区域的羽须。
22. 喉囊（gular pouch） 鹈鹕、鸬鹚等鸟类喉部可膨大的皮肤组织。
23. 前颈（foreneck） 喉部下方的区域。
24. 肉垂（wattle） 色彩鲜艳的裸露皮肤，通常悬于头部或颈部。
25. 中缝（mesial） 中央的；沿中心部位而下的，通常指喉部。
26. 翕（mantle） 背部、翼上覆羽和肩羽的总称，亦作“上背”。
27. 臀（vent） 泄殖腔孔周围的区域，有时亦指尾下覆羽。
28. 胫（shank） 腿部的裸露区域。
29. 脚（foot） 跗跖、趾和爪的总称。
30. 蹼（web） 两趾间相连的皮肤；亦指羽翈。
31. 瓣蹼（lobe） 呈环形的肉质结构（通常位于脚上以助于游泳）。
32. 翼前缘（leading edge） 两翼的前缘。
33. 翼后缘（trailing edge） 两翼的后缘。
34. 缺刻（notch） 在体羽、翼羽、尾羽的外缘上的凹部。
35. 翼覆羽（wing coverts） 翼上及翼下的小覆羽、中覆羽和大覆羽。
36. 剥制标本（skin） 用于研究的标本。

七、羽毛和羽色

1. 二态性（dimorphic） 因为基因或性别差异而形成的两种截然不同的体羽色型。
2. 黑化（melanistic） 偏黑色型。
3. 色型（morph） 独特、由基因决定的羽色类型。
4. 沾（washed） 略带有某种色彩。
5. 鹊色（pied） 黑白色。

6. 锈色（ferruginous） 锈褐色并沾橙黄色。
7. 赭色（ochraceous） 深黄褐色。
8. 棕色型（hepatic） 通常指某些杜鹃的棕褐色型。
9. 羽冠（crest） 通常指头部的长羽束，某些种类可将其耸起或下伏。
10. 顶冠纹（coronal stripe） 顶冠正上方的纵向条纹。
11. 头罩（hood） 深色的头部（通常包含喉部）。
12. 领环（collar） 环绕前颈或后颈并具明显色彩对比的条带或横斑。
13. 颈翎（hackles） 某些鸟类颈部的细长羽毛。
14. 项纹（gorget） 喉部或上胸的项圈状图纹或具明显色彩对比的块斑。
15. 羽轴纹（shaft streak） 沿羽轴而形成的或深或浅的条纹。
16. 飞羽（flight feathers） 飞行中为鸟类提供上升力的初级、次级飞羽以及尾羽。
17. 闪斑（spangles） 鸟类体羽上的闪耀斑点。
18. 翼斑（wing bars） 由于翼羽端部和基部色彩差异而形成的带斑。
19. 翼镜（speculum） 鸭类两翼上与余部翼羽色彩对比明显的闪斑。
20. 腋羽（axillaries） 腋下或翼下的覆羽。
21. 翼列（wing lining） 翼下覆羽的总称。
22. 翼下（underwing） 两翼的近腹面，包括飞羽和翼覆羽。
23. 饰羽（plume） 延长的独特羽毛，常用于炫耀表演。
24. 飘羽（streamers） 丝带状的延长尾羽或尾羽的凸出部分。
25. 新羽（fresh） 鸟类新换的体羽，通常色彩较明亮。
26. 旧羽（worn） 鸟类的旧体羽，通常色彩较暗淡且羽缘较薄。
27. 蚀羽（eclipse plumage） 繁殖期后脱落其繁殖羽，常见于鸭类、太阳鸟等类群。

八、植被景观

1. 原生林（primary forest） 原始或未被开发过的森林。
2. 次生林（secondary forest） 原生林被破坏后重新恢复的森林。
3. 落叶林（decidious） 一年中的某段时间树叶脱落的树木或森林。
4. 林层（storey） 林木的层次。
5. 林下植被（undergrowth） 森林中的草本植物、幼树和灌丛的总称。
6. 低山（submontane） 山脉的较低区域或山麓地带。

第三章

北京城市公园
鸟类多样性调查

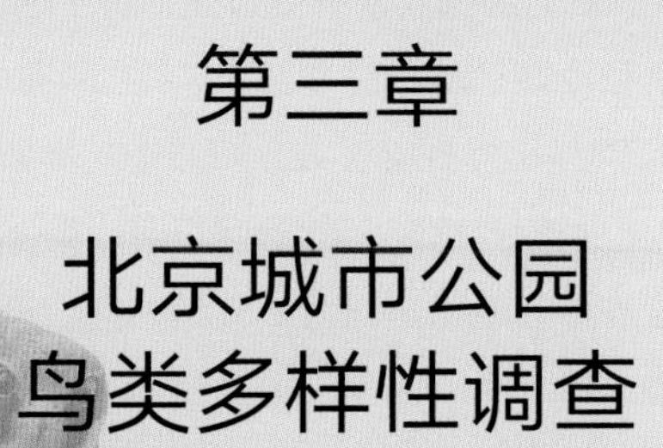

Bird Research

and

Conservation

in

Beijing Urban Parks

公园是城市绿地生态系统的重要组成部分，具有独特的生物多样性和生态系统服务功能。公园为城市鸟类提供食物、水和隐蔽等基本生境要素，鸟类多样性则是评价城市生态环境质量的重要指标。我国从 20 世纪 60 年代开始，陆续有城市鸟类群落生态学和公园鸟类群落研究相关报道，但发展缓慢，缺少长期持续监测的研究报道。为了深入了解北京市城市公园鸟类多样性特点，北京市公园管理中心组织颐和园、天坛公园、玉渊潭公园、国家植物园（北园）和北京动物园等 5 家地理位置、生境类型及植被景观具有典型性和代表性的市属公园作为研究地点，开展北京城市公园鸟类多样性调查，补充公园生态基础资料，为北京城市生物多样性建设和保护提供科学依据。

第一节
北京及城市公园环境特点

北京是我国的首都，位于华北平原西北端，地理坐标为北纬 39°38′—41°05′、东经 115°24′—117°30′。辖区总面积为 16 807.80 km^2，其中山区面积为 10 417.50 km^2，平原面积为 6 390.30 km^2。北京处于内蒙古高原与华北大平原的过渡地带，地跨山区和平原两大地理区，山区面积占 2/3，海拔最高处是东灵山 2 303 m、最低处 10 m。北京西部、北部和东北部三面环山，西部山地属于太行山山脉，北部山地属于燕山山脉，北部与内蒙古高原相连，东南面向华北平原，形成“左环沧海，右拥太行，北枕居庸，南襟河济”的西北高、东南低的地势；有明显的暖温带大陆性季风气候特征，四季气候分明，降水量集中，风向有明显的季节变化。春季干旱，多有风沙；夏季炎热多雨，多东南风；秋季天高气清，凉爽宜人；冬季寒冷干燥，多西北风。北京年平均气温 8 ~ 12℃，年平均降水量 500 ~ 600 mm，全年降水 70% ~ 80% 集中在 6—8 月。

北京市流域面积 10 km^2 以上河流 425 条，河流累计长度 6 400 km，分属于海河流域的大清河水系、永定河水系、北运河水系、潮白河水系、蓟运河水系，河流有水水面面积为 89.46 km^2；常年水面面积在 0.1 km^2 以上的湖泊 41 个，湖泊有水水面面积 6.49 km^2；85 个水库，水库有水水面面积为 274.56 km^2。

北京地区的地形复杂多样，气候、土壤同样具有多样性特点，为野生植被的发育提供了生长环境，形成了丰富的植被类型和复杂的物种构成。根据《北京植物志》（贺士元等，1992）统计，北京地区有维管束植物 2 056 种（包括栽培植物），分属于 169 科 869 属。

从植物的区系组成分析，北京地区野生被子植物中以菊科（Compositae）、禾本科（Gramineae）、豆科（Leguminosae）、蔷薇科（Rosaceae）的种类最多，反映了区系成分上以华北成分为主；此外，在平原地区还有欧亚大陆草原成分，如蒺藜（*Tribulus terrestris*）、猪毛菜（*Salsola collina*）、柽柳（*Tamarix chinensis*）、碱蓬（*Suaeda glauca*）等；深山区保留有欧洲西伯利亚成分，如华北落叶松（*Larix gmelinii*）、云杉（*Picea asperata*）、圆叶鹿蹄草（*Pyrola rotundifolia*）、鹤舞草（*Maianthemum bifolium*）等；同时有热带亲缘关系的种类在低山平原普遍存在，如臭椿（*Ailanthus altissima*）、酸枣（*Ziziphus jujuba* var. *spinosa*）、荆条（*Vitex negundo*）、薄皮木（*Leptodermis oblonga*）、白羊草（*Bothriochloa ischaemum*）等，反映了北京植被区系成分的复杂多样。

从植被类型看，北京山区的针叶林主要是暖温带性针叶林——油松林和侧柏林，两者都有天然林和人工林，以人工林为主。海拔 800 m 以上还有少量寒温带性针叶林——落叶松林。北京山区落叶阔叶林类型较多，有栎林、沟谷杂木林、椴木林、杨桦林等群系和群系组。山区落叶阔叶灌丛有荆条灌丛，蚂蚱腿子（*Pertya dioica*）、溲疏（*Deutzia* spp.）、三裂绣线菊（*Spiraea trilobata*）杂灌丛，绣线菊（*Spiraea* spp.）灌丛，北鹅耳枥（*Carpinus turczaninowii*）灌丛，山杏（*Prunus sibirica*）灌丛，平榛（*Corylus heterophylla*）灌丛、灌草丛；草甸有山顶杂类草草甸、林间杂类草草甸。

北京地区的野生动物区系有蒙新区东部草原、长白山地、松辽平原的区系成分，也有东洋界季风区、长江南北的动物区系成分，因此北京的动物有由古北界向东洋界过渡的动物区系特征。由于地势、气候、海拔、景观、植被的多样与变化，以及北京位于东亚—西澳大利亚的候鸟迁徙路线上，北京地区动物种类十分丰富，特别是鸟类。鸟类的分布体现出垂直变化和季节性变化特征，每年的春、秋两季，北京的旅鸟种类异常丰富。北京市园林绿化局发布的《北京陆生野生动物名录（2021 年）》中记载，北京地区的鸟类物种数量（以下简称鸟种数量）为 493 种，隶属于 22 目 74 科 243 属；北京师范大学赵欣如（2021）主编的《北京鸟类图谱》中记载，北京地区的鸟种数量为 508 种；根据《北京陆生野生动物名录（2024 年）》的报道，北京地区鸟类种数已达 519 种。在世界首都城市中，北京的鸟类多样性水平位居前列。

城市公园是指向公众提供游览、休憩、娱乐的城市公共绿地，为公益性城市基础设施，包括综合性公园、专类公园（动物园、植物园、儿童公园）、居住区公园等。城市公园的景观面貌标志着一座城市的整体文化修养和精神文明水平。公园位于城市各个区域，具有良好的园林环境、较完善的设施，具备改善生态、美化环境、游览观赏、休憩娱乐和防灾避难等功能，是城市绿地生态系统的重要组成部分，具有独特的生物多样性和生态系统服务功能，可

景山公园北侧中轴线植被景观

为鸟类提供食物、水和隐蔽等基本生境要素。因此，鸟类多样性也是评价城市生态环境质量的重要指标。

城市公园呈斑块状分布，对于鸟类来说犹如一座座“栖息地岛屿”，其岛屿状特性会对鸟类的分布产生影响。城市公园绿地作为城市园林绿化的主体，为保护和发展生物多样性提供了有利条件和机会。

城市公园是重要的生物栖息地，是承担城市生物多样性的重要载体。城市中生物景观最主要的载体就是城市中的公园，城市生物景观的外在体现就是城市生物的多样性。以往城市园林绿化往往是“以人为本”，无论是绿化树种的选择还是绿化模式的建立，都是以人的审美观来决定的；而对于城市绿地与栖息在其中的鸟类的关系，以及如何通过优化景观植物的配置，达到保护野生动物尤其是鸟类的目的则考虑较少。因此，选择在城市生态系统中占据

重要位置的公园绿地作为研究区域，持续开展城市公园鸟类多样性调查监测则显得尤为重要。从公园植被景观、栖息地现状与鸟类群落入手，全面调查城市公园鸟类的种类、数量及分布，植物种类、数量及植被结构等，深入剖析不同公园栖息环境与鸟类群落特征的变化关系，分析影响鸟类群落的生态因子，将为城市绿化和公园建设管理、生物多样性保护和完善城市生态系统结构等系列城市生态文明建设问题提供科学依据。

第二节 调查方法

一、调查内容

调查范围 北京动物园、天坛公园、颐和园、玉渊潭公园、国家植物园（北园）等北京市重要公园中的鸟类分布特点，公园环境特征与鸟类的关系，以及影响公园鸟类变化的因素。

结合鸟类多样性调查进行栖息地调查，记录各调查区域全球定位系统（GPS）地理坐标、面积、地形、地貌、植被类型、树种 / 草种等栖息地因子及干扰状况和保护状况，通过对样地内各项参数的量化测定和分析，探讨影响公园内鸟类物种多样性的因素，尤其是植被景观等鸟类生存要素的变化规律。

二、调查方法

1. 调查频次 每月调查 1 次。候鸟迁徙季节（4、5、9、10 月）增加为每月调查 2 次。

2. 调查要求 调查应在晴朗、风力不大（3 级以下风力）的天气条件下进行，在上午（7:00—10:00）或下午（15:00—18:00）鸟类活动高峰期进行。

3. 调查记录方法 各公园首先确定调查样线和调查方法，鸟类调查常用的方法包括样线

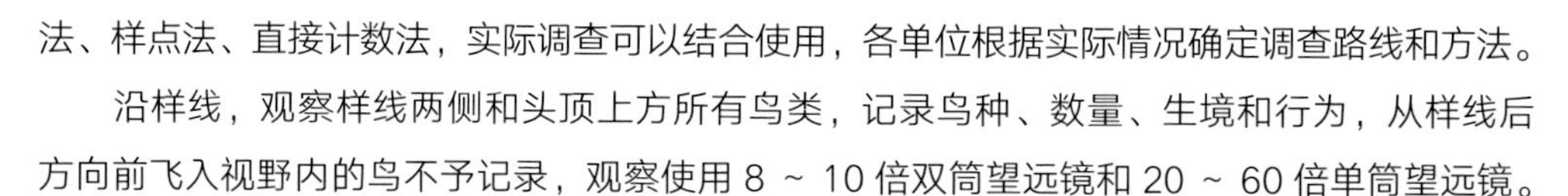

法、样点法、直接计数法，实际调查可以结合使用，各单位根据实际情况确定调查路线和方法。

沿样线，观察样线两侧和头顶上方所有鸟类，记录鸟种、数量、生境和行为，从样线后方向前飞入视野内的鸟不予记录，观察使用 8 ~ 10 倍双筒望远镜和 20 ~ 60 倍单筒望远镜。

（1）样线法 在动物栖息地中设计样线，并按照该路线匀速行走，通过记录遇见的被调查动物来计算动物在整个区域内的分布情况。样线法是在较大面积上进行动物统计的基本方法，此方法较为节省人力物力，可利用较少人员调查较大的面积。样线相当于区域的一个样本，因此在选取样线时应根据动物栖息地的情况选择具有代表性的路线。

各单位根据实际情况分别设置 1 ~ 3 条样线和样点，样线长度 2 ~ 3 km 为宜，绘制鸟类调查样线示意图，步行速度宜为 1 ~ 2 km/h。样线设置不重叠，不交叉。发现动物时，记录动物名称、动物数量、距离样线中线的垂直距离、地理位置、影像等信息（表 3-1），以及样线调查的行进航迹。本次调查采用样线法进行。

表 3-1　样线法鸟类调查记录表

<table>
<tr><td colspan="2">调查单位：</td><td colspan="2">样线号：</td><td colspan="2">样线长：　　　km</td></tr>
<tr><td colspan="2">起　　点：</td><td colspan="2">终　点：</td><td colspan="2">栖息地类型：</td></tr>
<tr><td colspan="2">天气状况：</td><td colspan="2">出发时间：</td><td colspan="2">结束时间：</td></tr>
<tr><td colspan="3">调查人：</td><td colspan="3">调查日期：</td></tr>
<tr><td rowspan="2">鸟类名称</td><td rowspan="2">个体数量</td><td rowspan="2" colspan="2">栖息地类型</td><td colspan="2">栖息地干扰</td></tr>
<tr><td>类型</td><td>强度</td></tr>
<tr><td></td><td></td><td></td><td></td><td></td><td></td></tr>
<tr><td></td><td></td><td></td><td></td><td></td><td></td></tr>
<tr><td></td><td></td><td></td><td></td><td></td><td></td></tr>
<tr><td></td><td></td><td></td><td></td><td></td><td></td></tr>
<tr><td>⋮</td><td>⋮</td><td>⋮</td><td>⋮</td><td>⋮</td><td>⋮</td></tr>
</table>

采用样线调查的前提：①被调查动物不因调查人员存在而进出样带；②样带内的被调查动物均能够被识别和记录；③动物距样线的距离能够被准确测量；④每次调查相互独立；⑤动物在区域内随机分布。

调查步骤：①样线—样带选取，进行预调查，熟悉被调查区域内的生境状况，整体了解区域内鸟类的分布情况。结合环境、行走难易程度等因素确定数条样线—样带。② 样线法调查，按照之前确定的样线—样带行走，记录所观察到的鸟类的种类、数量、生境、行为及距离。定期定时进行多次调查，及时整理所得资料。③总结，根据所选择的特定样线计算鸟类在区域中的种群密度。根据记录到的鸟类种类，估算区域内的鸟类多样性。根据记录的鸟类所在生境，总结鸟类的生存情况。

注意事项：①要求调查人员有较强的鸟类观察和识别能力。②调查时间应注意避开季节变化，季节不同可能会造成区域内鸟类的种类不同。③考虑天气变化对鸟类活动情况及其可观察情况的影响。④调查时，同一只鸟不应被重复记录，可通过只记录迎面行走方向前方的鸟类来近似达到这一目的。

（2）样点法 在调查样区设置一定数量样点的方法。样点设置应采取随机原则，样点数量应有效地估计大多数鸟类的密度。

小型鸟类调查宜使用样点法。样点半径的设置应使调查人员能发现观察范围内的野生动物。在森林、灌丛内设置的样点半径不大于 25 m，在开阔地设置的样点半径不大于 50 m。样点间距不少于 200 m。到达样点后，宜安静休息 5 min 后，以调查人员所在地为样点中心，观察并记录四周发现的动物名称、数量、距离样点中心距离、影像等信息（表 3-2）。每个样点的计数时间为 10 min。每个动物只记录 1 次，调查时飞出又飞回的鸟不进行计数。

表 3-2 样点法鸟类调查记录表

<table>
<tr><td colspan="2">调查单位：</td><td colspan="2">样点号：</td><td>样点名称：</td></tr>
<tr><td colspan="2">起　点：</td><td colspan="2">终　点：</td><td>栖息地类型及干扰：</td></tr>
<tr><td colspan="5">样点中心位置：东经　°　′　″　北纬　°　′　″</td></tr>
<tr><td colspan="2">天气状况：</td><td colspan="2">出发时间：</td><td>结束时间：</td></tr>
<tr><td colspan="3">调查人：</td><td colspan="2">调查日期：</td></tr>
<tr><td>鸟类名称</td><td>个体数量</td><td colspan="2">距样点中心距离（m）</td><td>发现时间</td></tr>
<tr><td></td><td></td><td colspan="2"></td><td></td></tr>
<tr><td></td><td></td><td colspan="2"></td><td></td></tr>
<tr><td></td><td></td><td colspan="2"></td><td></td></tr>
<tr><td></td><td></td><td colspan="2"></td><td></td></tr>
<tr><td>⋮</td><td>⋮</td><td colspan="2">⋮</td><td>⋮</td></tr>
</table>

（3）**直接计数法**　直接记录调查区域鸟类种类和数量的方法。对于集群繁殖或栖息的鸟类，宜使用直接计数法进行调查。首先通过访问调查、历史资料等确定鸟类集群时间、地点、范围等信息，并在地图上标出。记录集群地的位置，鸟类的种类、数量、影像等信息（表 3-3）。

表 3-3　直接计数法鸟类调查记录表

调查单位：		集群地编号：	集群地名称：
起　　点：		终　　点：	集群地面积：　　　　hm^2
栖息地类型：		栖息地类型及干扰：	
样点中心位置：东经　°　′　″　北纬　°　′　″			
天气状况：		开始计数时间：	结束计数时间：
调查人：		调查日期：	
鸟类名称		集群数量	备注
⋮		⋮	⋮

4. 调查用术语

（1）栖息地类型　栖息地为天然植被或人工林的，记录其植被类型；栖息地为无植被的水面的，依据《湿地公约》，描述到类，即沼泽、湖泊、河流、河口、滩涂或人工湿地；栖息地为农田的，记录到水田或旱地。

（2）干扰状况

①干扰类型：分为人为干扰、其他动物（流浪猫、犬）干扰、建筑干扰、其他干扰。

②干扰强度：分为强、中、弱、无。

（3）优势种　是指群落中占优势的种类，包括群落中在数量上最多、体积上最大、对生境影响最大的种类。

（4）常见种　是指生态调查中出现频率较高的种类，但其数量不一定有优势。

（5）稀有种　是指群落中个体数目较少的物种。在群落的组成中数量不多的稀有种确有较多的种类。

5. 鸟类观察常用工具

（1）望远镜　望远镜分为单筒望远镜和双筒望远镜两大类。双筒望远镜的倍数一般为

8 ~ 10 倍，单筒望远镜的倍数为 20 ~ 60 倍。距离不是非常远时，利用双筒望远镜，最适于观鸟的双筒望远镜倍数是 8 ~ 10 倍。远距离观察时，需要单筒望远镜。双筒望远镜手持即可，单筒望远镜则需要安装在三脚架上。

（2）照相机　对于当时无法辨认清楚的鸟类，可拍照片或录像，以便于回来后查阅资料鉴别。

（3）录音机　不同鸟类发出的鸣声不同，且许多鸟类会在繁殖期发出复杂、独特的鸣唱，通过录音机录制鸟类的鸣声，回来后可播放鉴别。

（4）鸟类图鉴　鸟类图鉴一般标示出鸟类的识别特征、飞行和鸣叫特征、分布区域和生境。鸟类图鉴有摄影图鉴和绘画图鉴两大类。摄影图鉴可能在色彩上更加逼真，但绘画图鉴一般更容易突出鉴别特征。

6. 野外辨识鸟的技巧

（1）体征　鸟类的形态特征包括大小、体型、喙形、后肢形态、翼型、尾型、羽色等方面。如白鹭（*Egretta garzetta*）喙细长，戴胜（*Upupa epops*）冠羽发达，喜鹊为黑白两色，长尾山椒鸟（*Pericrocotus ethologus*）雄鸟和雌鸟分别有醒目的红色和黄色体羽。在野外进行鸟类辨识，由于受时间、距离和环境条件的限制，迅速抓住鸟类的形态特征是正确辨识鸟类的关键。

（2）停歇姿态　一些鸟类的停栖姿态与众不同，可据此确定鸟类类群。如潜鸟在水面上头会略微上昂，苍鹭（*Ardea cinerea*）多蜷缩脖子单脚站立在水塘，大麻鳽（yán）（*Botaurus stellaris*）则在草丛中伸直脖子站立，大杜鹃（*Cuculus canorus*）常近乎水平地停在栖枝上。

（3）飞行行为　鸟类的飞行姿态也各有不同，差异主要表现在起飞、飞行中头、后肢和翼等的舒展程度、翼拍击频率、飞行路线和降落动作等多个方面，可依据飞行姿态确定鸟类的类群。例如鸭类和鸥类可以从水面直接起飞，而天鹅多数会沿着水面来一段“助跑”再起飞，鹭类在飞行中蜷缩脖子，而鹤、鹳、鸭、雁类则伸长着脖子，啄木鸟和鹡鸰飞行轨迹呈波浪状。

（4）鸣声　鸟类鸣声具有种的特异性，可据此辨识鸟类。栖息在茂密植被中的鸟类，往往只闻其声而难见到其身影。如果熟悉这些鸟类的鸣声，辨识它们就容易多了。有些鸟类外形相似，但鸣声差别较大，借助鸣声辨识它们可提高野外鸟种辨识的准确性。

（5）观鸟时间　应与鸟的活动规律一致，多数鸟类在日出后 2 h 和日落前 2 h 活动、鸣叫、取食等，因此一天中最佳的观鸟时间在清晨和黄昏时段。

（6）观鸟地点　每种鸟类都有自己最适的活动区域，根据观鸟者自己的喜好、季节等选择，如林区适合观林鸟，湖区河边适合观水鸟。

三、公园环境特点和鸟类调查样线设置

(一)颐和园

1. 颐和园环境特点 颐和园位于北京市西北郊，西与西山、玉泉山接壤，北以香山为屏，东和圆明园、北京大学邻近。以万寿山和昆明湖为主体构架，地理坐标北纬 39° 54′ 20″、东经 116° 25′ 29″，为暖温带半湿润大陆性季风气候，四季变化明显，年均温度 10 ~ 11℃，年均降水量 595 mm，全年降水 80% 集中于夏季，冬春季雨水较少。颐和园面积 308.00 hm^2，水面约占 3/4，万寿山最高处相对高度 58.59 m，各式宫殿、园林古建筑占地 7.00 hm^2。

颐和园的主体结构万寿山、昆明湖，是在天然地貌基础上经过人工改造而成，万寿山屏列在背面，山前(南)是昆明湖，山后(北)为后湖。昆明湖大湖的西南、西北各有一个小湖，即藻鉴堂湖和团城湖。

颐和园建筑为清代宫廷“官式”建筑，由宫殿、寺庙及各式园林建筑组成，以群体建筑和单体建筑构成基本修造形式。园内有排云殿、玉澜堂、乐寿堂及万寿山后四大部洲等重要的宫殿、居所及寺庙建筑群，主体建筑都位居中轴线上，两厢的次要建筑则对称地布列在中轴线的左右，组成向纵深发展的多进院落。仁寿殿位于东宫门内，是颐和园宫廷朝政区的中心，修建为金銮殿的形式，是帝、后驻园时处理国务的处所。玉澜堂、宜芸馆、乐寿堂和德和园组成了寝宫生活区。坐落在万寿山前山中心的佛香阁是颐和园的标志性建筑之一，气势恢宏，高入云霄，供有明代铸造的千手千眼观音菩萨铜鎏金站像。万寿山下贯穿东西的彩画长廊是中国园林中最精彩的廊的代表，地基随万寿山南麓的地势高低而起伏，走向随昆明湖北岸的凹凸而弯曲。长廊的每根廊枋上都绘有大小不同的苏式彩画，共 14 000 余幅。十七孔桥是中国园林中最大的桥梁建筑，东连廓如亭、西接南湖岛，横跨在昆明湖上。1986 年颐和园全园园路翻修一新，以山顶路和中御路为代表的主干道，中间为方砖，两边路牙嵌石子花，两侧为排水沟，此外还有青石山道和砖踏步等多种园路形式。

园区植被覆盖率较高，且以乡土植物为主，乔灌草垂直结构完整，兼有低山森林与湖泊湿地景观。颐和园古树资源丰富，现有古树 1 607 株，主要分布于万寿山，古树种类有油松(*Pinus tabulaeformis*)、侧柏(*Platycladus orientalis*)、圆柏(*Juniperus chinensis*)、白皮松(*Pinus bungeana*)、槐(*Styphnolobium japonicum*)、楸(*Catalpa bungei*)、玉兰(*Yulania denudata*)、桑(*Morus alba*)等 8 种，呈现“前山柏、后山松、西柏多、东松多”

颐和园

的格局。西堤植物配置采用桃柳间植技法，主要树种是绦柳（*Salix matsudana*）及旱柳、间植山桃（*Prunus davidiana*）、碧桃（*Prunus persica*）等植物。昆明湖、团城湖、藻鉴堂湖等湖泊湿地栽植配置有芦苇（*Phragmites australis*）、菖蒲（*Acorus calamus*）、莲（*Nelumbo nucifera*）、睡莲（*Nymphaea tetragona*）、水葱（*Schoenoplectus tabernaemontani*）、慈姑（*Sagittaria trifolia*）、水莎草（*Cyperus serotinus*）等水生植物。

颐和园是举世瞩目的世界文化遗产之一，是北京现存规模最大、保存最完整的皇家园林，有万寿山、佛香阁、长廊、昆明湖等著名景点，深受世界游客喜爱，旅游旺季（每年 4 月 1 日至 10 月 31 日）大门开放时间为 6：30—19：00，旅游淡季（每年 11 月 1 日至翌年 3 月 31 日）大门开放时间为 6：30—18：00。昆明湖冬季可滑冰、夏季可划船，每年春节前后举办“傲骨幽香”梅花、蜡梅迎春文化展，秋季举办“颐和秋韵”桂花文化节，开展雨燕保护等活动，每年接待游客上千万。

颐和园不仅承载着厚重的历史和文化内涵，其低山森林和湖泊湿地生态系统也为鸟类等动物提供了自然栖息地。

2. 颐和园设置 3 条样线　见表 3-4。

样线 1：长廊，全长 1.2 km。西起宿云檐城关，经武圣祠沿长廊一路向东，穿过乐寿堂、

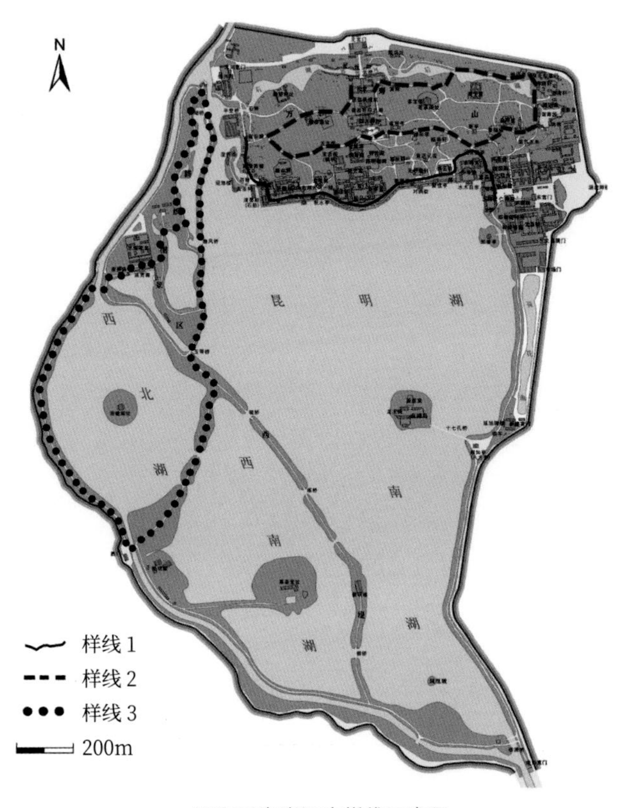

颐和园鸟类调查样线示意图

宜芸馆、玉澜堂，终点为仁寿殿。此样线为颐和园核心游览区，贯穿主要古建筑区域，游客流量密集。植被主要以铺装路面的孤立木为主，包含侧柏、圆柏（*Juniperus chinensis*）、玉兰（*Yulania denudata*）等，有少量草坪和花灌木。

样线 2：万寿山，全长 1.7 km，以油松、圆柏、侧柏、栾树（*Koelreuteria paniculata*）、山桃、元宝枫、槐为主要乔木覆盖的浅山森林地貌；地被以野生地被为主，道路两侧多为人工栽植的麦冬（*Ophiopogon japonicus*）、求米草（*Oplismenus undulatifolius* ）、蛇莓（*Duchesnea indica*）等；灌木种类较少，除扶芳藤（*Euonymus fortunei*）呈规模分布外，还有零星分布的扁担杆（*Grewia biloba*）、小叶鼠李（*Rhamnus parvifolia*）、枸杞（*Lycium chinense*）、多花胡枝子（*Lespedeza floribunda*）、迎春花（*Jasminum nudiflorum*）等植被。

样线 3：湖区，全长 5 km，以湖泊、堤岸为主，大乔木以垂柳(*Salix babylonica*)为主，伴有毛白杨（*Populus tomentosa*）、桑、山桃、梧桐（*Firmiana simplex*）等。该线路沿线分布有几个面积可观的草坪，栽有紫丁香（*Syringa oblata*）、金银忍冬等花灌木。

表 3-4 颐和园调查区域环境特征

样线	区域范围	自然环境	干扰类型	干扰强度
样线 1	长廊，起点东宫门，经长廊向西至宿云檐城关	古建筑密集，植被以铺装路面的孤立松柏树为主，少量冷季型草坪，灌木极少	人为干扰	强
样线 2	万寿山，起点半壁桥，沿绮望轩经松堂、善现寺南门，绕多宝塔遗址向北穿过后溪湖、平台亭，终点为紫气东来城关	万寿山具有浅山森林地貌，乔木层为针阔混交林，郁闭度高；灌木以胶东卫矛为主，零星栽有珍珠梅，其他种类灌木不成规模；道路两侧草坪以麦冬为主，其他区域为野生地被	人为干扰，流浪猫	中等
样线 3	湖区，起点界湖桥，一路向南经高钓湖、新开湖、丰产湖和团城湖，至南如意后沿昆明湖东岸向北，终点文昌阁	具有北京城区最大面积的湖泊群。湖岸多栽植杨柳树，面积较大的绿地乔木、灌木和草本植物种类丰富、结构合理。团城湖作为北京市饮用水源地，湖中治镜阁无人为干扰，植被完全是自然生长状态	人为干扰	弱

（二）天坛公园

1. 天坛公园环境特点 天坛公园位于北京市东城区中心城区，园林环境以古建、古树为主，地理坐标北纬 39° 52′ 44″、东经 116° 24′ 39″，平均海拔 50 m。1918 年正式向公众开放，历史占地面积 273 hm^2，现管理面积 203 hm^2，绿化覆盖率超过 85%。有乔木 4.5 万余株：其中常绿乔木 3.8 万余株，主要有侧柏、油松、圆柏等；落叶乔木主要有银杏（*Ginkgo biloba*）、槐（*Styphnolobium japonicum*）等。灌木 4 000 余株，主要有冬青卫矛（*Euonymus japonicus*）、黄杨（*Buxus sinica*）、连翘（*Forsythia suspensa*）、金银忍冬等。园内地被植物分为自然地被和人工草地，自然地被由一年生、二年生及多年生草本植物构成，优势种为狗尾草（*Setaria viridis*）、马唐（*Digitaria sanguinalis*）、诸葛菜（*Orychophragmus violaceus*）、尖裂假还阳参（*Crepidiastrum sonchifolium*），常见种为牛筋草（*Eleusine indica*）、早开堇菜（*Viola prionantha*）、蒲公英（*Taraxacum mongolicum*）、斑种草（*Bothriospermum chinense*）、附地菜（*Trigonotis peduncularis*）；人工草地优势种为草地早熟禾（*Poa pratensis*）、山麦冬（*Liriope spicata*）、涝峪苔草（*Carex giraldiana*）。天坛公园没有河湖水域，以古柏为优势树种的大面积绿化区域为林鸟提供了良好的栖息环境。

天坛公园祈年殿

天坛是明清两代皇帝“祭天”“祈谷”的场所，位于正阳门外东侧。坛域北呈圆形，南为方形，寓意“天圆地方”。四周环筑坛墙两道，把全坛分为内坛、外坛两部分，历史占地面积 273 hm^2，主要建筑集中于内坛。内坛以墙分为南北两部。北为“祈谷坛”，用于孟春祈祷丰年，中心建筑是祈年殿。南为“圜丘坛”，专门用于“冬至”日祭天，中心建筑是一巨大的圆形石台，名“圜丘”。两坛之间以一长约 360 m、高出地面的甬道——丹陛桥相连，共同形成一条南北长 1 200 m 的天坛建筑轴线，两侧为大面积古柏林。西天门内南侧建有“斋宫”，是祀前皇帝斋戒的居所。西部外坛设有“神乐署”，掌管祭祀乐舞的教习和演奏。坛内主要建筑有祈年殿、皇乾殿、圜丘、皇穹宇、斋宫、无梁殿、长廊、双环万寿亭等，还有回音壁、三音石、七星石等名胜古迹。天坛建成于明・永乐十八年（1420 年），又经明（嘉靖）、清（乾隆）等朝增建、改建，建筑宏伟壮丽，环境庄严肃穆。中华人民共和国成立后，国家对天坛的文物古迹投入大量的资金用于保护和维修。历尽沧桑的天坛以其深刻的文化内涵、宏伟的建筑风格，成为东方古老文明的写照。天坛集明、清建筑技艺之大成，是中国古建珍品，是世界上最大的祭天建筑群。1961 年，国务院公布天坛为“全国重点文物保护单位”。1998 年，天坛被联合国教科文组织确认为“世界文化遗产”。

2. 天坛公园鸟类调查 设置 1 区、3 线、3 点 根据植物类型、干扰强度及干扰类型 3 个

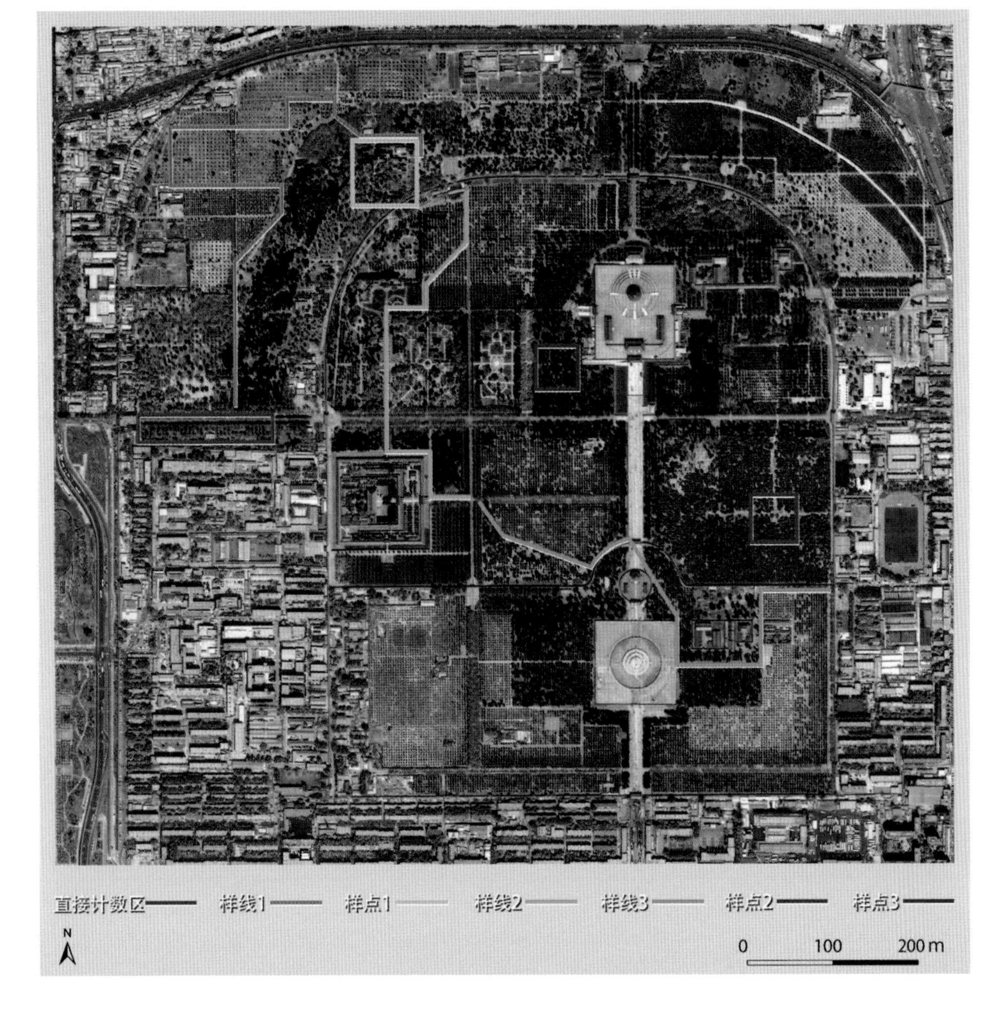

天坛公园鸟类调查样线示意图

因素，将天坛公园划分为直接计数区、样线 1、样线 2、样线 3、样点 1、样点 2、样点 3 共计 7 个调查区域（表 3-5）。

表 3-5　天坛公园调查区域环境特征

样线 / 样点	区域范围	自然环境	干扰类型	干扰强度
直接计数区	公园西门至西天门之间	乔木层为常绿针叶、落叶阔叶乔木混交林，草本层以人工草地为主，缺乏灌木层	人为干扰，流浪猫	中等
样线 1	公园西北外坛，起点为健康大道终点，终点为天坛科普园	乔木层为常绿针叶、落叶阔叶混交林，道路两侧草本层为人工草地，其余为自然地被，仅道路两侧种植少量观赏灌木	人为干扰，流浪猫	中等

（续）

样线 / 样点	区域范围	自然环境	干扰类型	干扰强度
样线 2	公园内坛，起点为内坛墙北月亮门，终点为斋宫东门	前段乔木层常绿针叶乔木混交林，草本层以自然地被为主，缺乏灌木层，后段为人工园林景区，拥有较好的乔灌草复层结构，地面人工铺装较多	人为干扰	强
样线 3	公园内坛，起点为斋宫东门，终点为东西隔墙东端	乔木层为常绿针叶乔木混交林，草本层以自然地被为主，缺乏灌木层	人为干扰	中等
样点 1	公园西北外坛，为天坛科普园	西侧拥有良好的乔灌草复层结构，东侧为宿根花卉，是园内植物多样性最丰富的区域	人为干扰	中等
样点 2	公园内坛丹陛桥东侧油松林	乔木层为油松纯林，草本层以自然地被为主，缺乏灌木层，人工铺装较多	人为干扰	中等
样点 3	公园内坛祈谷坛景区西侧古柏林	乔木层为侧柏纯林，草本层为自然地被，缺乏灌木层	人为干扰	弱

（三）玉渊潭公园

1. 玉渊潭公园环境特点 玉渊潭公园位于北京城西部，紧邻西三环，是以湖泊湿地为主的市级综合性公园，地理坐标北纬 39° 55′ 35″、东经 116° 19′ 19″。公园总面积 129.35 hm^2，水域面积 60.66 hm^2，全园建筑占地面积 2.36 hm^2，道路、广场等铺装面积 7.56 hm^2，硬质化人工设施约占陆地面积的 13.57%，2016 年被列为北京市湿地公园。

玉渊潭古称钓鱼台，其历史可远溯至金代，历史上玉渊潭一直是官宦士子青睐的游览胜地。1960 年，北京市政府批准成立玉渊潭公园。经过半个多世纪的发展建设，公园形成两山（南、北各一条山体）、两湖（东湖、西湖）、一堤（中堤）的景观格局，承载着城区重要的行洪蓄水功能。

丰沛的水源滋养着美丽丰茂的园林植物，公园现有乔灌木 200 余种 10 万余株，草本植物上百种。自 20 世纪 70 年代园内开始种植樱花，至今已有 40 个品种，近 3 000 株，是华北地区最大的樱花类观赏园，有樱花园、遐观园、留春园、远香园、樱落花谷、南山观樱等多处景色优美的开放游览区，也有位于公园东北部的东湖湿地保育区。良好的园林景观和生态环境既是周边市民休闲娱乐、享受生活的绿色福祉，也是鸟类等野生动物繁衍栖息的乐园。公园已成为北京城市核心区重要的生态宝库。多年来，公园本着“保护立园，科教兴园”的

玉渊潭公园

湿地发展理念，采取生态化景观营造，通过种植鸟类食源植物、搭建人工巢箱、冰面增流、建造浅滩、恢复自然驳岸等多种方式，为鸟类等野生动物提供适宜的栖息环境。同时，面向青少年和广大游客开设“湿地课堂”，举办野生鸟类生态科普展览，增设多处鸟类科普牌示，引导人们观鸟、爱鸟、护鸟，珍惜爱护湿地自然环境，提升公众生态文明素养。

2. 玉渊潭公园设置 1 条调查线 6 个区（表 3-6） 调查样线为南门—牡丹园—留春园—东湖东岸—湿地保育区—樱花园—南山观樱—南门，样线长度 4.2 km，沿这条路线划分 6 个区域，各区生境情况见表 3-6。

表 3-6　玉渊潭公园鸟类调查各分区环境特征

分区	生境特点	落叶阔叶树占比（%）	面积（hm^2）	郁闭度	人为干扰
1 区	南门至牡丹园，乔灌草＋乔草，有游乐场、幼儿园和大广场	65	5	中度	强
2 区	远香园至留春园，乔灌草＋乔草，有小水面、林下广场和庭院建筑	80	4.8	中度	较强
3 区	东门至湿地东侧，乔灌草结构完整，有水渠，大部分为新建绿地	90	4	高度	较强
4 区	湿地保育区，乔灌草结构完整，水景丰富	85	8.5	高度	弱

（续）

分区	生境特点	落叶阔叶树占比（%）	面积（hm^2）	郁闭度	人为干扰
5 区	樱花园至西桥北侧，乔灌草 + 乔草，有水面、山体、洼地和常绿灌丛	90	23	高度	较强
6 区	西桥南至客服中心，乔草为主，灌木较少，有健身广场和施工区	90	11.5	中度	强

注：郁闭度＜ 0.2 为疏林，0.3 ~ 0.4 为极弱度郁闭，0.5 ~ 0.6 为弱度郁闭，0.7 ~ 0.8 为中度郁闭，0.9 ~ 1.0 为高度郁闭。

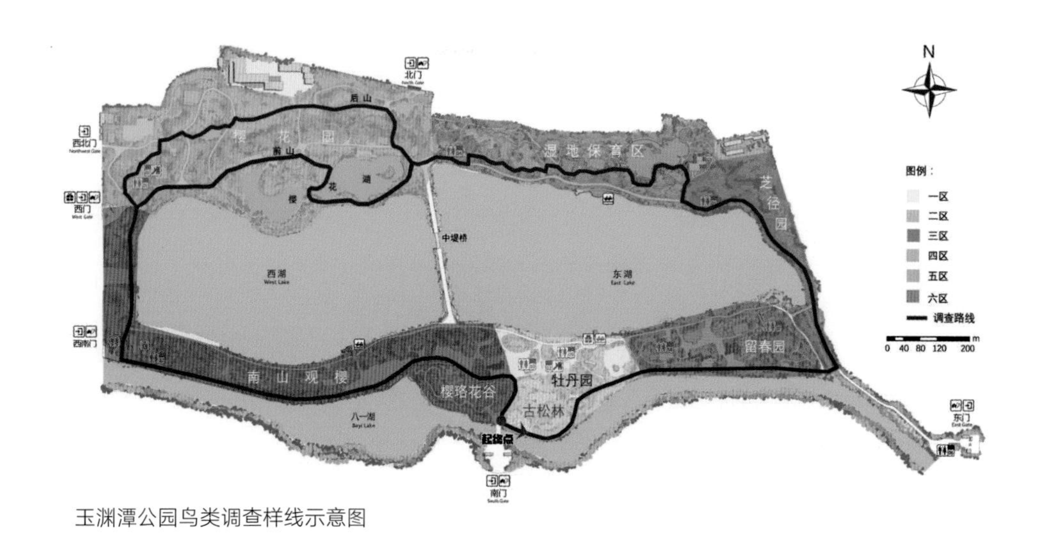

玉渊潭公园鸟类调查样线示意图

（四）国家植物园（北园）

1. 国家植物园（北园）环境特点　国家植物园（北园）位于北京西山，地理坐标北纬 40° 0′ 21″、东经 116° 11′ 38″，属温暖带季风气候，四季分明。园区占地面积 218 hm^2，其中绿地面积约 153 hm^2，占总面积 70.18%，水域面积 6.71 hm^2。园区包括山地、台地和河漫滩地多种地貌类型，相对高差 500 m 以上。园内收集展示各类植物 15 000 余种（含品种）70 余万株，其中珍稀保护植物近千种，古树 638 株，分布于专类植物展示区及自然保护区与山林等区域。园区建有桃花园、月季园、海棠园、牡丹园、梅园、丁香园、盆景园等 14 个专

国家植物园（北园）水杉林

类园和中国北方最大的珍稀植物水杉保育区，还建有建筑面积 9 800 m^2 的展览温室及建筑面积 2 528 m^2 的科普馆等科普教育区域，分别用于开展热带植物资源保护、研究和展览展示与教育工作；后山林区原生植物保护区及迁地植物野外回归驯化区自然条件良好、野生植被丰富、地形变化较大，增加了园区生物多样性丰富程度。此外，园内有全国重点文物保护单位卧佛寺、北京市重点文物保护单位梁启超墓，以及“一二·九”运动纪念地和曹雪芹纪念馆。园中主干道分为南北、东西 2 条，辅路则围绕景观设计，蜿蜒曲折、盘结相连，以植被、建筑及水系一脉相通，从樱桃沟水源头延伸至香山地区河道，形成具有湖光山色、古树参天的优美景观。根据园区内植被特点和自然地理环境，以及人工环境构建，鸟类的栖息环境大致可分为落叶阔叶林、针叶林、灌丛，湖泊、池塘、溪流沟壑。为了满足不同人观鸟活动的体验感，国家植物园（北园）通过鸟类调查及公众观鸟两种形式开展观鸟活动。

国家植物园（北园）是全国科普教育基地和中国生物多样性保护示范基地，每年举办桃花节、菊花文化节、兰花展等文化活动，传播植物文化知识。以中小学生为受众群体，四季

国家植物园（北园）鸟类调查样线示意图

开展“自然享乐”定向自然教育活动，“多识于鸟兽草木之名”中小学生生物多样性调查活动及生态博物课等科学传播活动，面向市民开展“识花知草爱自然”“生物多样性科普活动月”等宣传活动，引导公众了解生物多样性重要性，提升公众生态文明素养，对提高全民科学素质起到了积极的推动作用。

2. 国家植物园（北园）设置 2 条调查路线（表 3-7）

样线 1：园区西部，东南门—月季园—西门生产温室—牡丹芍药园—海棠园—梅园—水杉林栈道—水源头—“一二·九”纪念地—樱桃沟石路—集秀园—卧佛寺—木兰园—中轴路—绚秋园—杨树林—月季园北侧—东南门，全长 5.76 km。

样线 2：园区东部，东南门—客服中心—东湖东侧—曹雪芹纪念馆—中湖东侧—梁启超墓—树木区—宿根园—丁香园—碧桃园—王锡彤墓—北湖—中湖西侧—科普馆东—东南门，全长 3.57 km。

表 3-7 国家植物园（北园）调查区域环境特征

样线	区域范围	自然环境	干扰类型	干扰强度
样线 1	园区西部，以东南门为起点和终点，涵盖中轴线外围专类园、温室周边区域及樱桃沟保护区、绚秋园、花展区等区域	样线长度大，涉及区域广泛，自然环境多样，有油松林、针阔混交林、水杉林、乔灌草混合区、单一草本区与草地区域等多样环境散布于整条样线中，有平坦观赏植物区，也有自然植物繁多的山林区	人为干扰	强
样线 2	园区东部，以东南门为起点和终点，涵盖整个水系及树木区外延范围	以芦苇、香蒲、水葱、睡莲、狐尾藻等不同类型水生植物构成水系区域，柳、槐等乔木，桃、梅等小乔，多样灌木与草本植物构成植被丰富的堤岸环境。建筑较多，有乔木丰富的建筑区域，也有乔灌草形成的林地区域	人为干扰	弱

（五）北京动物园

1. 北京动物园环境特点 北京动物园位于北京城市中心区，是以动物场馆、湖泊为主的动物专类公园，地理坐标北纬 39° 56′ 22″、东经 116° 20′ 05″，海拔 46 m。北京动物园建立于清光绪三十二年（1906 年），其前身为清农工商部农事试验场，是中国开放最早的动物园，年接待游客约 800 万人次。园区占地面积 86.2 hm^2，其中绿化面积约 40.8 hm^2，占公园总面积的 47.33%。

北京动物园内部分为东区、西区和北区 3 个片区，东区主要有狮虎山、熊山、北极熊馆、猴山、夜行动物馆、猫科动物馆、雉鸡苑、育幼室、熊猫馆等；西区主要有金丝猴馆、两栖爬行馆、猩猩馆、长颈鹿馆、鹿苑、儿童动物园等；北区主要有犀牛河马馆、象馆等。园区西部的黑水洋岛上没有任何人工建筑，植被为原始次生林，是园内唯一未被人工干扰的原生态区域，现在依然保留城市“荒野”景观。

园区内有河湖水面 8.6 hm^2，占公园总面积的 9.98%，园区内有长河穿过，将动物园分为南北两部分，河水与园内湖泊相连，水禽湖、天鹅湖、黑水洋等湖泊与动物场馆相邻，湖中有小岛，岛上有柳树，水中栽植芦苇、菖蒲、荷花等水生植物。动物园饲养展示野生动物 400 余种 5 000 余只，水禽湖及周边饲养天鹅、鹈鹕、绿头鸭（*Anas platyrhychos*）等动物，树上有野生夜鹭（*Nycticorax nycticorax*）、乌鸦等栖息，是圈养鸟类与野生鸟类重要交汇之地。园区内有乔木 8 000 余棵，主要种类有毛白杨、垂柳（*Salix babylonica*）、榆树（*Ulmus pumila*）、油松、白皮松等。灌木 7 000 余株，主要有迎春、卫矛（*Euonymus*

北京动物园正门

alatus)、黄杨等。林下植被可分为天然地被植物和人工培育的地被植物两大类。天然地被植物主要由二年生和多年生的草本植物构成，以细叶苔草（*Carex rigescens*）、蒲公英、诸葛菜（*Orychophragmus violaceus*）、紫花地丁（*Viola philippica*）为优势种，夏至草（*Lagopsis supina*）、苦菜（*Pstrinia villosa*）和野豌豆（*Vicia sepium*）为常见种。人工培育的地被植物为早熟禾（*Poa annua*）、高羊茅（*Festuca arundinacea*）或涝峪苔草等冷季型草坪，以及细叶麦冬（*Ophiopogon japonicus*）、白车轴草（*Trifolium repens*）等人工草坪。

2. 北京动物园设置 2 条样线（表 3-8）

样线 1：西南线，途经磊桥—水禽湖北岸—鸟苑—金丝猴馆—长臂猿馆—畅观楼—无底湖—企鹅馆—两栖爬行馆—新雉鸡苑—水禽湖南岸—荟芳轩，全长 2.6 km。

样线 2：东北线，途经重点实验室—瀛湖东岸—百木园—象馆—犀牛河马馆—美洲动物区—牡丹亭—松风萝月轩，全长 2.3 km。

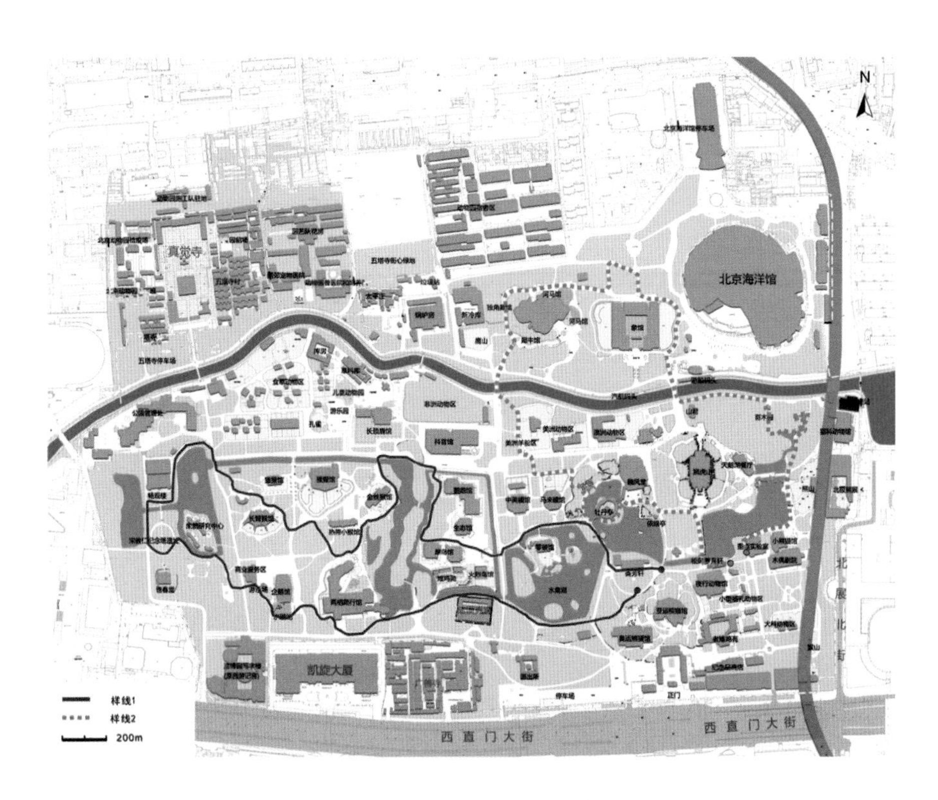

北京动物园鸟类调查样线示意图

表 3-8　北京动物园调查区域环境特征

样线	区域范围	自然环境	干扰类型	干扰强度
样线 1	园区西南部，包含水禽湖周边、鸟苑、黑水洋、金丝猴馆、畅观楼、无底湖、两栖爬行馆周边区域	乔灌草复层结构配置较好，水禽湖周边游人密度较大，饲养鹈鹕、天鹅、赤麻鸭等数量较多，占据湖面优势，人工饲料充足；黑水洋岛无人为干扰，原生植被发育良好；畅观楼周边湖泊湿地较安静，人工植被错落有致	人为干扰，饲养大型水鸟、流浪猫	强
样线 2	园区东北部，包含瀛湖周边、百木园湿地、象馆、犀牛河马馆、美澳区、牡丹亭等区域	兼具湿地和人工林生态景观，乔灌草垂直结构合理，植被发育良好，芦苇、菖蒲、千屈菜等湿地植物茂密，湖岸边栽植柳树、枫杨、白蜡、七叶树，间植油松、白皮松、侧柏等针叶树种，为水鸟和林鸟提供了较好的栖息地	人为干扰，流浪猫	中度

第三节
调查结果

一、北京城市公园的鸟类多样性

2020 年 1 月至 2022 年 10 月，5 家公园共计开展鸟类调查 340 次，总计 850 h，累计调查样线长度 1 700 km；参加调查的人员达 1 360 人次，主要为课题组成员、观鸟爱好者，以及自然之友、北京观鸟会等民间观鸟组织成员。

北京城市公园鸟类的种类及分布

调查期间，在 5 家公园共计记录到鸟类 19 目 56 科 147 属 252 种（附表），占北京市鸟种数量（493 种）的 51.12%。其中，麻雀、喜鹊、灰喜鹊是优势种，白头鹎、灰椋鸟、大嘴乌鸦是常见种；留鸟 66 种，占本次调查鸟种数量的 26.19%；夏候鸟 55 种，占 21.83%；冬候鸟 27 种，占 10.71%；旅鸟 103 种，占 40.87%；迷鸟 1 种，占 0.40%。食虫鸟类（C-I：食虫食肉鸟；F-I：食果食虫鸟；I：食虫鸟；G-I：食谷食虫鸟）156 种，占本次调查鸟种数量的 61.90%。按地理分布型划分，古北型 158 种，占 62.70%；东洋型 30 种，占 11.90%；广布型 64 种，占 25.40%。古北型鸟类占绝对优势，符合北京城市公园所在古北界的地理位置。

调查发现：国家一级重点保护野生动物 9 种，为青头潜鸭、秃鹫（*Aegypius monachus*）、乌雕（*Clanga clanga*）、金雕（*Aquila chrysaetos*）、白尾海雕（*Haliaeetus albicilla*）、猎隼(*Falco cherrug*)、大鸨(*Otis tarda*)、黑鹳(*Ciconia nigra*)、黄胸鹀(*Emberiza aureola*)；国家二级重点保护野生动物 45 种，为鸳鸯、燕隼（*Falco subbuteo*）、红喉歌鸲（*Calliope calliope*）、云雀（*Alauda arvensis*）等；北京市一级重点保护野生动物 20 种；北京市二级重点保护野生动物 92 种。调查结果表明，北京城市公园是鸟类的重要栖息地和迁徙停歇地，是城市生物多样性保护的重要载体。

调查还发现，燕隼、赤腹鹰（*Accipiter soloensis*）等分别在玉渊潭公园和天坛公园成功繁殖后代，猛禽在生态系统中处于食物链顶端，顶级掠食性鸟类在市属公园安家落户，标志着市属公园具备比较健康完备的生态系统。

调查发现了北京市新记录鸟种蓝额红尾鸲(*Phoenicuropsis frontalis*)[国家植物园(北园)]和领雀嘴鹎(*Spizixos semitorques*)(北京动物园)。

另外观察到了黄颊山雀(*Machlolophus spilonotus*，天坛公园)、红嘴相思鸟[*Leiothrix lute*，国家植物园(北园)]、红耳鹎(*Pycnonotus jocosus*，北京动物园)和画眉(*Garrulax canorus*，北京动物园)，对比资料确定为4种逃逸鸟。

二、各公园鸟类的种类及分布

(一)颐和园鸟类多样性

2020年1月至2022年6月，共记录到鸟类141种，占北京市鸟类记录493种的28.60%，隶属于15目42科(附表)。其中，雀形目鸟类种类最多，共24科61种，占总数的42.66%。鲣鸟目和犀鸟目为1科1种。

颐和园鸟类优势种为麻雀和灰喜鹊，常见种由多至少依次为普通雨燕(*Apus apus*)、普通秋沙鸭(*Mergus merganser*)、燕雀(*Fringilla montifringilla*)、家燕(*Hirundo rustica*)、绿头鸭、喜鹊、鸳鸯、白骨顶(*Fulica atra*)、白头鹎、苍鹭、凤头䴙䴘(*Podiceps cristatus*)和小䴙䴘(*Tachybaptus ruficollis*)。

比较三条样线调查到的鸟类种类和数量(表3-9)。湖区鸟类在种类和数量上有绝对优势，一是湖区线路在样线中最长，二是水鸟资源丰富；万寿山的鸟类种类虽多于长廊，但个体数量明显少于长廊，主要是由于万寿山区域郁闭度高，鸟类多栖息于树冠层不易观察，导致调查数据比较保守，而长廊紧邻昆明湖，较万寿山区域记录的水鸟增加。

比较五家公园的鸟类调查结果，颐和园特有鸟种19种，全部为䴙䴘目、鹈形目、雁形目和鸻形目的水鸟，可见颐和园水系是北京城区重要的鸟类越冬栖息地。

表3-9　3条调查样线鸟类的种类和数量

项目	样线1(长廊)	样线2(万寿山)	样线3(湖区)
种类(种)	42	66	120
数量(只)	10 155	6 480	25 177

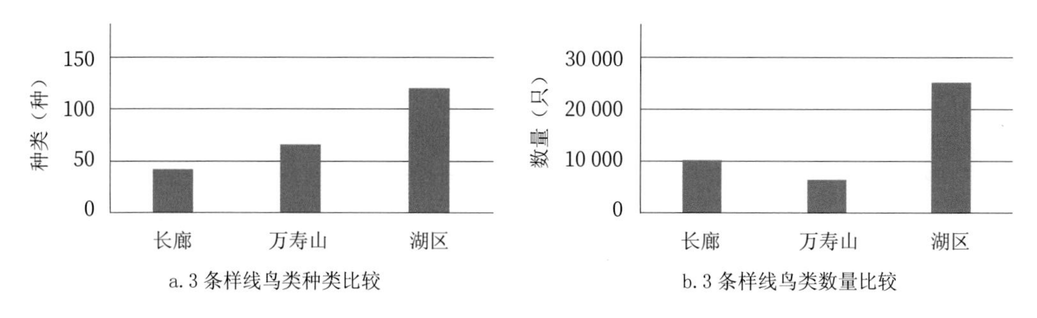

颐和园 3 条样线鸟类种类（种）和数量（只）比较

（二）天坛公园鸟类多样性

天坛公园调查共记录到鸟类 127 种，隶属于 13 目 38 科（附表），占北京市有记录鸟种数量 493 种的 25.76%。其中，鸡形目 1 科 1 种，雁形目 1 科 3 种，鸽形目 1 科 2 种，鹃形目 1 科 4 种，夜鹰目 2 科 2 种，鲣鸟目 1 科 1 种，鹈形目 2 科 4 种，鹰形目 1 科 11 种，鸮形目 1 科 2 种，犀鸟目 1 科 1 种，啄木鸟目 1 科 5 种，隼形目 1 科 5 种，雀形目 24 科 86 种。雀形目鸟类在科和种的层次上均占有绝对优势，分别为 63.16% 和 67.72%，与公园的自然环境特点基本相符。从鸟类构成上看，麻雀和灰喜鹊为优势种。白琵鹭（*Platalea leucorodia*）、鸳鸯、普通鸬鹚等游禽和涉禽只是在空中掠过。迷鸟 1 种，为欧亚鸲（*Erithacus rubecula*）。

记录到国家一级重点保护动物 2 种，为乌雕、猎隼；国家二级重点保护鸟类 18 种，为鸳鸯、白琵鹭、黑鸢（*Milvus migrans*）、黑翅鸢（*Elanus caeruleus*）、凤头蜂鹰（*Pernis ptilorhynchus*）、赤腹鹰、日本松雀鹰（*Accipiter gularis*）、雀鹰（*Accipiter nisus*）、苍鹰（*Accipiter gentilis*）、白腹鹞（*Circus spilonotus*）、鹊鹞（*Circus melanoleucos*）、普通鵟（*Buteo japonicus*）、雕鸮（*Bubo bubo*）、鹰鸮（*Ninox scutulata*）、红隼（*Falco tinnunculus*）、红脚隼（*Falco amurensis*）、燕隼、游隼（*Falco peregrinus*）。北京市一级重点保护动物 17 种；北京市二级重点保护动物 51 种；列入《有重要生态、科学、社会价值的陆生野生动物名录》（“三有”）鸟类 92 种。

（三）玉渊潭公园鸟类多样性

在玉渊潭公园共记录到鸟类 139 种（附表），隶属 16 目 44 科，占北京市有记录鸟类 493 种的 28.19%。国家一级保护动物 1 种，为黄胸鹀；国家二级保护动物 18 种，为鸿雁（*Anser cygnoid*）、大天鹅（*Cygnus cygnus*）、鸳鸯、花脸鸭（*Sibirionetta formosa*）、斑头秋沙鸭（*Mergellus albellus*）、凤头蜂鹰、凤头鹰（*Accipiter trivirgatus*）、雀鹰、普通鵟、红角鸮（*Otus sunia*）、红隼、红脚隼、燕隼、游隼、云雀、红胁绣眼鸟（*Zosterops erythropleurus*）、红喉歌鸲和蓝喉歌鸲（*Luscinia svecica*）。北京市重点保护野生动物 64 种。濒危野生动植物种国际贸易公约（CITES）附录 I 鸟类有游隼 1 种，CITES 附录 II 鸟类有花脸鸭、凤头鹰、红角鸮等 9 种。

2020—2021 年，连续 2 年记录到燕隼在公园西湖灯塔顶端繁殖成功，在市属公园尚属首次。鸳鸯成为公园的明星鸟种，冬季多达 240 余只，约占全市鸳鸯数量的 1/3；其中有 30 ~ 40 只为公园留鸟并在园区繁殖。

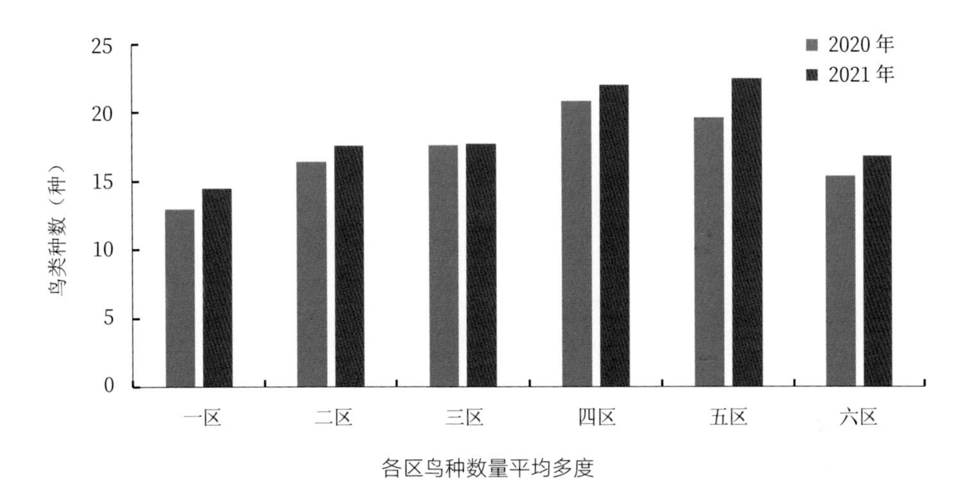

各区鸟种数量平均多度

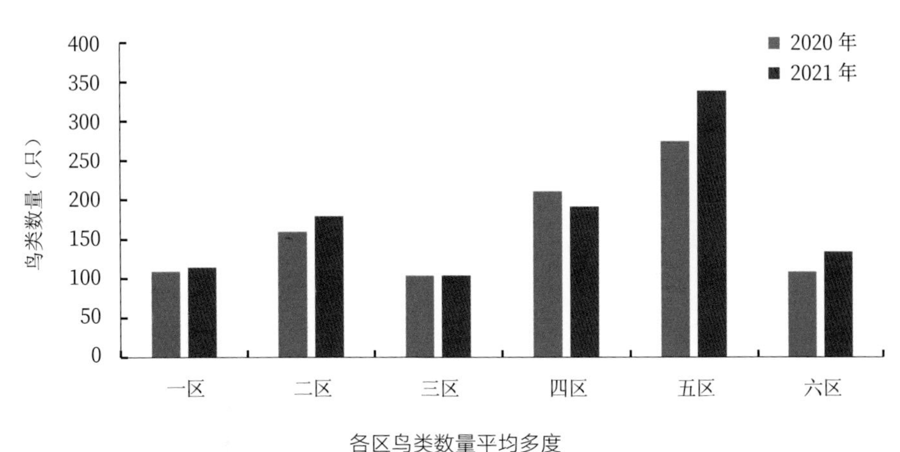

各区鸟类数量平均多度

通过计算两年间各区鸟种及数量的平均多度，发现四区（湿地保育区）和五区（樱花园）的鸟类种数最多，一区最少；鸟类数量五区最多，一区、三区和六区较少。

分析六个分区的生境条件有所不同（表 3-6），五区面积最大，山体、湖面、岛屿、常绿灌丛及季节性水洼为鸟类提供丰富的栖息环境，鸟类种数和数量最多。四区为湿地保育区，游人干扰弱，植被茂密，水景丰富，这些因素有利于鸟类栖息，虽然面积只有五区的 1/3，但鸟类种数相当。一区有幼儿园和大面积广场，人为干扰严重，鸟类较少。三区紧邻钓鱼台，记录鸟类一部分是钓鱼台共有种类，金银忍冬和海棠为太平鸟（*Bombycilla garrulus*）、小太平鸟（*Bombycilla japonica*）、暗绿绣眼鸟（*Zosterops japonicus*）等提供食物，因此鸟类种数较多；由于该区面积最小且沿路狭长，鸟类数量最少。六区面积较大，但大范围健身广场和施工不利于鸟类栖息，因此鸟类种数和数量都较少。

（四）国家植物园（北园）鸟类多样性

调查记录到鸟类 16 目 42 科 119 种（附表），占北京地区记录鸟类 493 种的 24.14%。优势种为麻雀、喜鹊、灰喜鹊、白头鹎。其中，雀形目 27 科 75 种，分别占园区鸟类科数和种数的 57.1% 和 63.6%。发现国家一级重点保护鸟类 4 种：秃鹫、乌雕、金雕、黑鹳，均为园区新记录种；国家二级重点保护鸟类 17 种：鸳鸯、鸿雁、凤头蜂鹰、雀鹰、普通鵟、苍鹰、白尾鹞（*Circus cyaneus*）、黑鸢、红隼、红脚隼、燕隼、游隼、猎隼、红角鸮、纵纹腹小鸮（*Athene noctua*）、领角鸮（*Otus lettia*）、灰林鸮（*Strix aluco*），占园区鸟类种数的 14.4%；北京市重点保护鸟类 68 种，占鸟类种数的 57.6%，其中北京市一级保护鸟类 10 种，北京市二级保护鸟类 58 种。记录到《有重要生态、科学、社会价值的陆生野生动物名录》（“三有”）鸟类 91 种，占鸟类种数的 77.1%。

2021 年 5 月 11 日在植物园樱桃沟栈道处发现 1 只蓝额红尾鸲雄鸟，先是在河道喝水，后飞入毛樱桃（*Prunus tomentosa*）灌丛，经查阅相关资料，确定是北京市新记录鸟种。

（五）北京动物园鸟类多样性

在动物园共记录到 12 目 29 科 103 种鸟类（附表），占北京市有记录鸟类种数 493 种的 20.89%。灰椋鸟、喜鹊、灰喜鹊、大嘴乌鸦、麻雀是优势种。留鸟 26 种，占本次调查鸟类种数的 25.24%；夏候鸟 22 种，占 21.36%；冬候鸟 11 种，占 10.68%；旅鸟 43 种，占 41.75%，迷鸟 1 种（欧亚鸲），占 0.97%。国家二级重点保护鸟类 9 种，为鸳鸯、赤腹鹰、雀鹰、鹊鹞、红隼、红脚隼、燕隼、红喉歌鸲和红胁绣眼鸟。另外观察到红耳鹎和画眉，确定为 2 种逃逸鸟。按地理分布型划分，古北型 63 种、占 61.17%，东洋型 12 种、占 11.65%，广布型 28 种、占 27.18%，古北型鸟类占绝对优势，符合北京动物园所在古北界的地理位置。

第四节 公园鸟类多样性分析

一、鸟类多样性统计分析方法

1. 鸟类数量级 调查发现的每种鸟类总数量除以鸟的总数量，求出每种鸟所占百分数，分为优势种、常见种、稀有种，比例在 10% 及以上者为优势种（大于 50% 者为数量极多种），1% ~ 10% 为常见种，1% 以下为稀有种。

2. 多样性指数（*H*） 是指用来测度分类单元多样程度和考察每一单元相对多度的指数。鸟类群落的多样性采用 Shannon-Wiener 指数（孙儒泳，2001）计算。计算公式：

$$H=-\sum_{i}^{s}(P_i \ln P_i)$$

式中，S 为物种数；$P_i=N_i / N$，表示第 i 个物种数量（N_i）与各物种总个体数（N）之比。

3. 均匀度指数（*E*） 是指物种分布的均匀程度，与物种的丰富度有关，反映群落中每个种个体数间的差异，计算用实际多样性指数和群落最大多样性的比来表示（孙儒泳，2001）。均匀度采用 Pielou 指数 E 度量。计算公式：

$$E=H/H_{\max}$$

式中，$H_{\max}$ 为群落物种数的自然对数。

4. 优势度指数（*D*） 用以表示一个种在群落中的地位与作用，采用 Simpson 优势度指数计算。计算公式：

$$D=\sum_{i}^{s}(P_i)^2$$

5. 平均多度 为某种鸟类出现的调查区中平均个体数，用于鸟类群落结构分析，计算方法为每块样地 n 次调查总数量的平均数。

6. 相似性指数 为两个群落中共有鸟种所占比例。计算公式：

$$S=2c/(a+b)$$

式中，S 为群落相似性（孙儒泳，2001），a、b 分别为两群落鸟类种数，c 为两群落共有鸟类种数。

数据分析采用 Microsoft Excel 2021 及 SPSS 22.0 软件处理。

二、鸟类多样性统计分析结果

1. 公园鸟类多样性指数 玉渊潭公园的鸟类种数最多（164 种），颐和园（143 种）和天坛公园（142 种）次之，北京动物园鸟类种数最少（103 种）；颐和园物种多样性指数最高，国家植物园（北园）物种均匀度指数最高，北京动物园物种优势度指数最高。5 家公园鸟类群落多样性比较见表 3-10。

表 3-10 北京市 5 家公园鸟类群落多样性

生境	样线（km）	种数	多样性指数（H）	均匀度指数（E）	优势度指数（D）
颐和园	7.9	143	3.156 2	0.538 2	0.112 8
天坛公园	4.5	142	2.679 2	0.627 7	0.129 6
玉渊潭公园	4.2	164	2.912 6	0.640 4	0.097 8
国家植物园（北园）	9.3	119	2.762 7	0.658 3	0.092 3
北京动物园	4.6	103	2.351 8	0.490 7	0.162 5

2. 公园鸟类群落相似性指数 颐和园和玉渊潭公园的鸟类群落相似性指数最高，其次为玉渊潭公园和北京动物园。颐和园和国家植物园（北园）、北京动物园的相同物种数都比较多。相似性指数最低的为颐和园和天坛公园，这两家公园的相同物种数最少，可能与这两家公园所处地理位置和生境的差异性有关。5 家公园的鸟类群落相似性指数见表 3-11。

表 3-11　北京市 5 家公园鸟类群落相似性指数

生境	颐和园	天坛公园	玉渊潭公园	国家植物园（北园）	北京动物园
颐和园	1	0.103 1	0.392 7	0.263 1	0.202 5
天坛公园	–	1	0.211 2	0.221 2	0.201 2
玉渊潭公园	–	–	1	0.263 5	0.282 0
国家植物园（北园）	–	–	–	1	0.198 7
北京动物园	–	–	–	–	1

3. 公园鸟类居留类型　留鸟 66 种，占本次调查鸟类种数的 26.19%；夏候鸟 55 种，占 21.83%；冬候鸟 27 种，占 10.71%；旅鸟 103 种，占 40.87%；迷鸟 1 种，占 0.40%(表 3-12)。

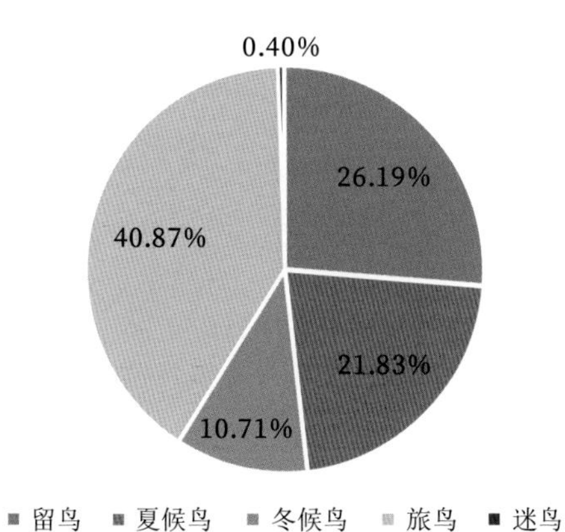

城市公园鸟类居留类型

表 3-12　北京市 5 家公园不同居留类型鸟类种数

居留类型（种）	颐和园	天坛公园	玉渊潭公园	国家植物园(北园)	北京动物园
留鸟	36	34	24	37	26
夏候鸟	31	28	17	30	22
冬候鸟	15	11	13	17	11
旅鸟	61	53	85	34	43
迷鸟	0	1	0	0	1

另外观察到黄颊山雀、红嘴相思鸟、红耳鹎和画眉，确定为 4 种逃逸鸟。

4．公园鸟类食性多样性 鸟类分类及地理区系依据《中国鸟类分类与分布名录》（第三版）。根据《北京野鸟图鉴》《东北鸟类图鉴》《中国鸟类野外手册》等进行鸟种鉴定及对鸟类食性进行分类（表3-13）。

表3-13 鸟类食性分类

食性	食物组成
食肉鸟（C）	主要食兔、鼠、鸟、鱼、蛙、蛇等动物性食物
食虫食肉鸟（C–I）	取食昆虫（＞30%）和鼠、鸟、蛇、蛙等小型动物
食果鸟（F）	主要取食水果或文献记载食物中水果含量大于60%
食果食虫鸟（F–I）	取食水果和昆虫约各占一半
食谷鸟（G）	主要取食谷物、植物种子
食虫鸟（I）	取食昆虫的比例大于60%
食谷食虫鸟（G–I）	以昆虫、谷物和种子等为食，但每类食物的比例都不占优势，即低于50%
杂食性鸟（O）	取食植物、动物、昆虫等多种食物

注：C，食肉鸟(carnivore)；C–I，食虫食肉鸟(insectivorous and carnivore birds)；F，食果鸟(frugivore)；F–I，食果食虫鸟（frugivorous and insectivorous birds)；G，食谷鸟（granivore)；I，食虫鸟（insectivore)；G–I，食谷食虫鸟（granivorous and insectivorous birds）；O，杂食性鸟（omnivore)。

根据鸟类食性分类，本次调查观察到食肉鸟类41种，占本次调查鸟类种数的16.27%；食虫食肉鸟20种，占7.94%；食果鸟5种，占1.98%；食果食虫鸟11种，占4.37%；食谷鸟10种，占3.97%；食虫鸟87种，占34.52%；食谷食虫鸟38种，占15.08%；杂食性鸟40种，占15.87%。广义食虫鸟类(C–I：食虫食肉鸟；F–I：食果食虫鸟；I：食虫鸟；G–I：食谷食虫鸟）156种，占本次调查鸟类种数的61.90%（表3–14）。

表3-14 北京市5家公园鸟类食性特征

食性	鸟类种数				
	颐和园	天坛公园	玉渊潭公园	国家植物园（北园）	北京动物园
食肉鸟（C）	38	19	28	18	14
食虫食肉鸟（C–I）	6	6	7	10	4
食果鸟（F）	3	3	4	3	3

（续）

食性	鸟类种数				
	颐和园	天坛公园	玉渊潭公园	国家植物园（北园）	北京动物园
食果食虫鸟（F–I）	4	4	4	4	5
食谷鸟（G）	5	5	7	8	7
食虫鸟（I）	39	76	64	47	44
食谷食虫鸟（G–I）	10	17	20	11	11
杂食性鸟（O）	38	12	30	18	15

5. 公园鸟类区系多样性　按地理分布类型划分，本次调查观察到古北型 158 种，占 62.70%；东洋型 30 种，占 11.90%；广布型 64 种，占 25.40%（表 3-15），可以看出古北型占绝对优势，符合北京城市公园所在古北界的地理位置。

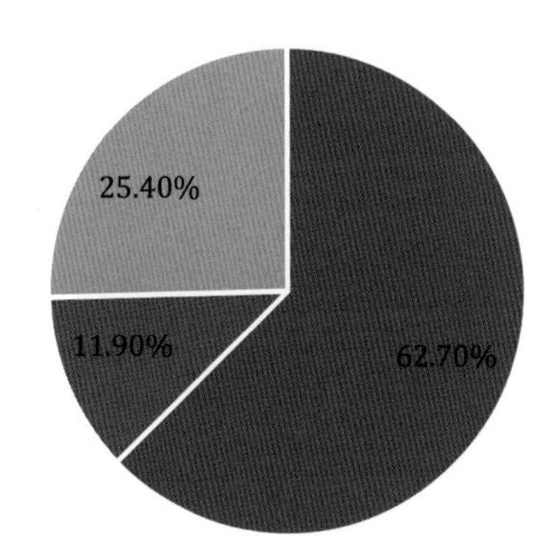

城市公园鸟类地理分布型

表 3-15　北京市 5 家公园鸟类地理分布型

地理分布类型	鸟类种数				
	颐和园	天坛公园	玉渊潭公园	国家植物园（北园）	北京动物园
古北型	89	86	88	70	63
东洋型	18	15	22	17	12
广布型	36	41	29	32	28

国家植物园（北园）鸟类区系特点是古北型鸟类 70 种，占鸟类种数的 58.8%；东洋型 17 种，占 14.3%；广布型 32 种，占 26.9%。从居留类型看，留鸟 37 种，占 31.9 %；旅鸟 34 种，占 28.6%；夏候鸟 30 种，占 25.2%；冬候鸟 17 种，占 14.3%。

玉渊潭公园鸟类区系特点是古北型 88 种，占鸟类种数的 63.31%；东洋型 22 种，占 15.83%；广布型 29 种，占 20.86%。从居留类型看，旅鸟 85 种，占 61.15%；留鸟 24 种，占 17.27%；夏候鸟 17 种，占 12.23%；冬候鸟 13 种，占 9.35%。

天坛公园有留鸟 34 种，占总数的 26.77%；夏候鸟 28 种，占总数的 22.05%；冬候鸟 11 种，占总数的 8.66%；旅鸟 54 种，占总数的 42.52%。以鸟种在天坛公园的居留状态统计，留鸟 21 种，占总数的 16.54%；夏候鸟 4 种，占总数的 3.15%；冬候鸟 9 种，占总数的 7.09%；旅鸟 93 种，占总数的 73.23%。居留状态的差异主要体现在留鸟、夏候鸟和旅鸟中（表 3-16）。

表 3-16　鸟种居留类型差异

范围	留鸟		夏候鸟		冬候鸟		旅鸟	
	种数	占比（%）	种数	占比（%）	种数	占比（%）	种数	占比（%）
北京地区	34	26.77	28	22.05	11	8.66	54	42.52
天坛公园	21	16.54	4	3.15	9	7.09	93	72.23

居留类型及其差异性：从表 3-16 中可以看出，一些北京地区的留鸟和夏候鸟只是途经或在天坛进行短暂停留，天坛公园良好的自然生态环境为长途迁徙到达北京的夏候鸟提供了短暂的栖息和补给场所。与大多城市公园相比，天坛公园没有水域，大部分绿化区域缺乏小乔木及灌木层，无法形成良好的植被复层结构，因此不能为绿头鸭、鸳鸯、白鹭、苍鹭等鸟类提供栖息、觅食及繁殖的场所，这些自然环境特点是导致天坛公园鸟类居留状态与北京市其他主要公园或鸟类栖息地存在差异的主要原因。

杨萌等（2007）和王鲁静等（2012）分别于 2003—2006 年和 2010 年在天坛公园开展鸟类资源调查工作，并对鸟种的居留类型进行统计和分析。但二人均以鸟种在北京地区的居留类型进行统计和分析，而本次调查根据鸟种在天坛的居留时间和状况进行分析。

6. 公园鸟类的生态类群　按照鸟类生态类群划分，本次调查观察到陆禽 6 种，占 2.38%；游禽 41 种，占 16.27%；涉禽 24 种，占 9.52%；攀禽 18 种，占 7.14%；猛禽 30 种，占

11.90%；鸣禽 133 种，占 52.78%（表 3-17）。各城市公园鸟类生态类群数量分布与其陆地、水域、植被以及在城区的位置等因素密切相关。

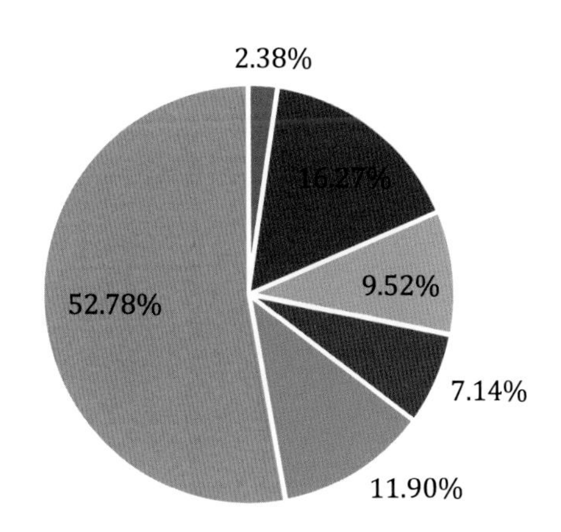

城市公园鸟类生态类群特征

表 3-17　北京市 5 家公园鸟类生态类群特征

生态类群	鸟类种数				
	颐和园	天坛公园	玉渊潭公园	国家植物园（北园）	北京动物园
陆禽	2	3	4	5	1
游禽	40	4	25	6	11
涉禽	17	4	18	6	8
攀禽	11	12	13	11	11
猛禽	13	18	11	18	6
鸣禽	60	86	93	73	66

7. 公园鸟类季节多样性

（1）颐和园鸟类季节多样性　选取 2020 年 1 月至 2022 年 6 月每年相同月份所调查到的鸟类种数最多的数值。颐和园全年各月的鸟类种数如图所示。北京市位于候鸟迁徙通道的边缘，所以鸟类季相变化的普遍规律为春秋多、冬夏少，此次调查基本符合规律。2020 年 12 月调查到鸟类 44 种，数量逼近 9 月的迁徙季，与冬季团城湖内越冬水鸟种类较多有关，也呼应了颐和园冬候鸟比例较高的事实。

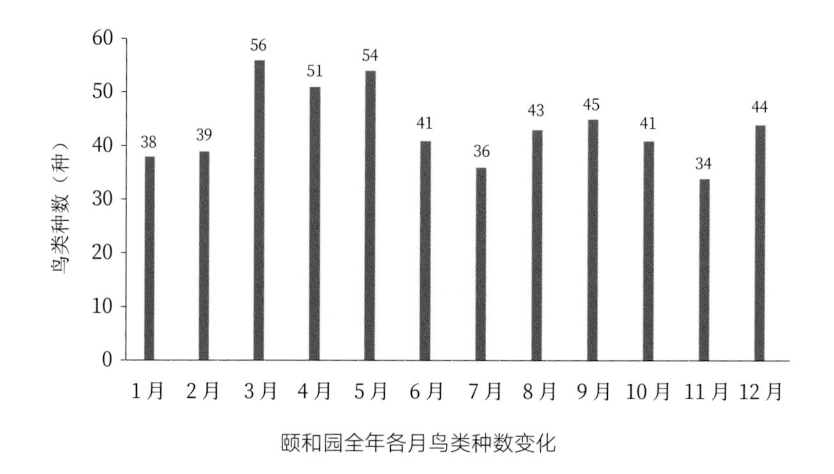

颐和园全年各月鸟类种数变化

（2）天坛公园鸟类季节多样性　本次调查结果中，天坛公园鸟类种数季节性变化具有春季（3—5 月）、秋季（9—11 月）高且春季高于秋季，冬季（12 月至翌年 2 月）、夏季（6—8 月）低的特点。

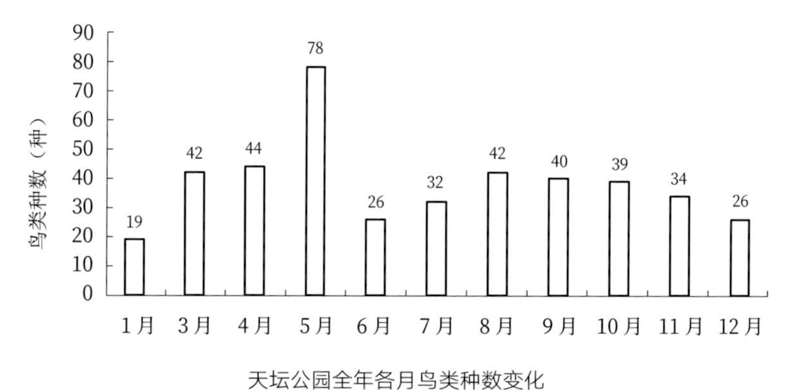

天坛公园全年各月鸟类种数变化

注：2 月由于新冠肺炎疫情，未开展调查。

（3）玉渊潭公园鸟类季节多样性　玉渊潭公园观察到的鸟类种数春季最多，秋季次之，夏季最少。除 4 月、11 月和 12 月外，2021 年各月鸟类种数相较前一年普遍增多。

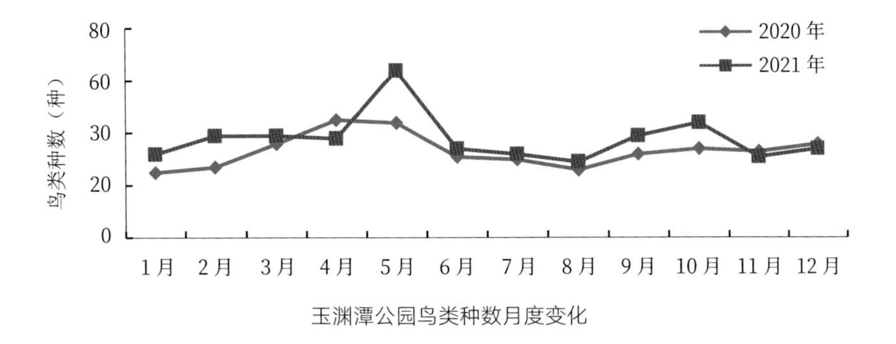

玉渊潭公园鸟类种数月度变化

两年中记录到鸟类总数量分别为 11 604 只和 12 754 只。鸟类数量的月度变化与鸟类种数的变化有一定相关性，但不是非常密切，而是和留鸟数量变化趋势基本一致。2021 年 2 月和 4 月燕雀的大量集群、过境，以及 10 月秃鼻乌鸦的大量过境，使得留鸟数量减少的情况下，鸟类总数量呈现上升。

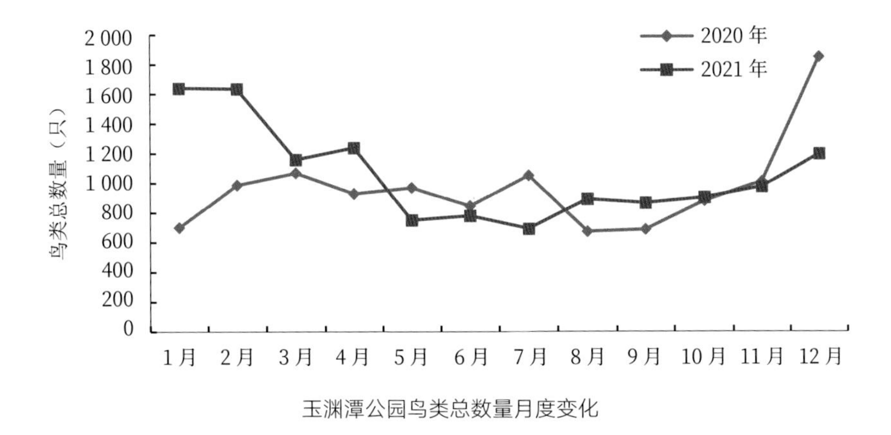

玉渊潭公园鸟类总数量月度变化

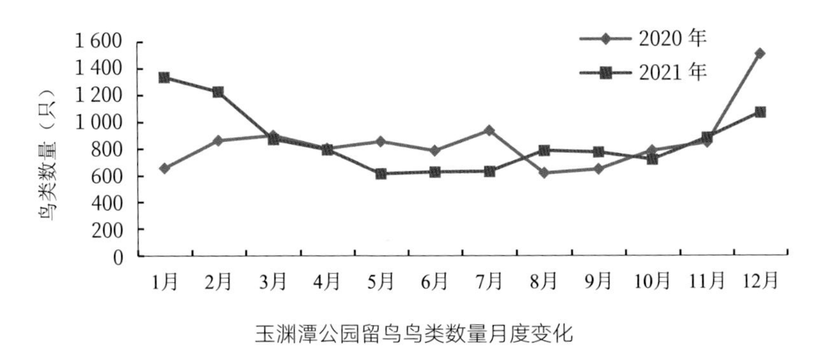

玉渊潭公园留鸟鸟类数量月度变化

2020 年玉渊潭公园鸟类群落多样性指数（*H*）在 4 月和 11 月出现两个高峰，4 月最高为 1.22；7—9 月多样性指数较低，最低值为 9 月 0.97。均匀度指数（*E*）7—9 月较低，其他季节变化不明显，优势度指数（*D*）与均匀度指数基本相反，夏季较高。2021 年多样性指数在 3 月、5 月和 9 月出现 3 个高峰，9 月以后维持较高水平，最高值出现在 5 月为 1.29，最低值为 8 月 1.00；4 月多样性指数出现大幅下降不符合鸟类迁徙特征。均匀度指数在 3 月、6 月出现小高峰，最高值为 6 月 0.81。优势度指数 8 月最高，其他季节变化不明显。

玉渊潭公园鸟类多样性与鸟类物种数的变化基本一致，鸟类迁徙高峰影响了鸟类多样性的季节变化。但是 2021 年 4 月出现异常值，分析后发现该月正值樱花节游客高峰期，人为干扰严重，多样性指数也明显下降；而 2020 年受疫情影响公园并未举办樱花节，并严格控制在园人数，多样性指数呈现上升，反映了游客数量可能是造成该月鸟类多样性变化的重要原因。

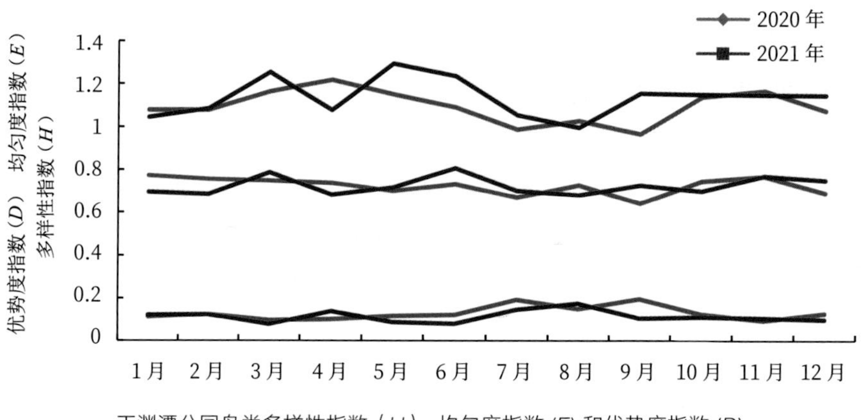

玉渊潭公园鸟类多样性指数（*H*）、均匀度指数 (*E*) 和优势度指数 (*D*)

第五节
影响公园鸟类多样性的因素

鸟类是公园环境的特殊组成部分，鸟类的种类、数量、活动等受到多种因素的影响，有自然环境因素，也有管理因素，如公园的位置、面积、环境结构、植物的种类和分布、公园管理活动等。研究发现，公园鸟类物种数指数与公园所在分区植被面积和斑块数量有一定的相关性；公园内绿化覆盖面积与鸟类物种数呈正相关，公园水域面积与游禽、涉禽种类数量呈正相关；公园铺装系数与猛禽、攀禽、鸣禽、走禽种类数量的关系有一定的相关性。

一、公园环境因素对鸟类多样性的影响

（一）自然环境对鸟类多样性的影响

1. 公园中的植被因素对鸟类多样性有重要影响 植物是鸟类筑巢、觅食、栖息等的重要地点，植物的种类、结构、分布、面积、密度等均是影响鸟类活动的重要因素。鸟类的栖息地与植被的多样性、水平与垂直结构的复杂性等因素相关，不同绿化带内鸟类多样性、均匀度和相似性等群落结构特征差异显著，植物种类、植被结构与鸟类种类多样性密切相关。公园里的植物多是景观植物，包括乔木、灌木、草等，丰富乔木及灌木层次的植物生境能够吸引更多鸟类；乔木种类中旱柳、栾树等对鸟类群落的重要值最高，在植物生境中能够快速提高鸟类的丰富度和多样性水平；小乔木或小灌木生境更有利于鸟类多样性，如蔷薇科小乔木的比例可以提高鸟类群落丰富度。

公园中乔木的数量和多层次植被结构的自然绿地对保持城市的高生物多样性有一定的作用，乔木层盖度决定着鸟类种数；灌木层盖度同时决定着鸟类种数与物种的丰富度；绿地植物种类与鸟类种数、数量（只）、物种丰富度呈正相关关系。同时，大乔木的高度越高，小乔木的密度越大，鸟类丰富度也越高。

绿地面积是决定物种多样性的因素之一。鸟类种类丰富度与绿地面积之间存在正相关关系，大面积的绿地可以为鸟提供更多栖息地，有利于其筑巢与繁殖。城市公园有较为完整的绿地，约 32% 的鸟类主要是地面筑巢，森林鸟类在筑巢时选择面积较大的公园，大公园为鸟类提供更为舒适和安全的居住条件，可为一些肉食性鸟类提供更多的选择，因此鸟类物种丰富度较高。

公园景观的异质性对鸟类群落多样性具有重要影响，植物物种的多样性能为不同鸟类提供食物和巢居场所，对稳定鸟类物种多样性及种群数量、吸引鸟类多样性有很大的影响。较高的植物空间可为鸟类的生存和活动提供多种栖息选择，满足不同鸟类的生态位需求。喜鹊等鸟类喜欢栖息于人为干扰较少、树冠茂密的高大乔木上；而雉鸡（*Phasianus colchicus*）、强脚树莺（*Horornis fortipes*）等鸟类喜欢在覆盖于地面的灌草丛中活动，灌草类植物则为其提供食物和活动空间。

国家植物园（北园）野生植被丰富，植物种类多样，昆虫及脊椎动物种类丰富，具有相对稳定的生态群落。调查结果显示园区林鸟种类丰富，有林鸟 103 种，占鸟类种数的 86.6%。

2. 水面对鸟类多样性的影响　水是公园的灵魂，是鸟类生存活动的必要条件。公园水域面积与水鸟的多样性呈正相关，并与水中的植物及分布有关。颐和园水域面积大，但只有一小部分沿岸区域适于鸟类取水，即水岸要平缓伸入水中，为鸟类提供平稳的浅水站立区域，昆明湖区的水鸟多于长廊区的水鸟。玉渊潭公园樱花园和湿地保育区的小型岛屿远离陆地岸边，水面积较大，人为干扰小，可以躲避野猫（*Felis silvestris catus*）、黄鼬（*Mustela Sibirica*）等天敌的伤害，为凤头䴙䴘、小䴙䴘、绿头鸭、黑水鸡（*Gallinula chloropus*）等提供了隐蔽的筑巢环境，大面积芦苇为苇莺类、大杜鹃、黑喉石䳭（*Saxicola maurus*）、苇鹀（*Emberiza pallasi*）、芦鹀（*Emberiza schoeniclus*）、燕雀、棕头鸦雀（*Sinosuthora webbianus*）等鸟类提供了优良的栖息环境。

（二）人工景观因素对鸟类多样性的影响

城市公园不同于一般的森林公园，更不同于自然的绿地环境，有许多的建筑甚至是古建，公园被铺装的道路和建筑占去公园面积的很大部分，并将公园分割成不同的功能区，每天有大量的游客，有各种活动，对鸟类的存在、活动有较大的影响。调查发现，公园中的鸟类主要分布于植物、水域等自然环境中，乌鸦、喜鹊、灰喜鹊等偶尔到游客区，主要是捡拾游客遗留的食物残渣，或到垃圾桶寻找食物，在动物园里经常看到乌鸦抢食动物的饲料、拔取动物的毛发。雨燕、麻雀等动物的习性比较特殊，与人类的活动区域重叠较多，在房檐下筑巢。绿头鸭、赤麻鸭（*Tadorna ferruginea*）等游禽在草地觅食，偶尔在道路上穿行。

二、季节因素对鸟类多样性的影响

鸟类对环境的变化十分敏感，在同一地方不同季节对鸟类数量和种类的影响较大。与季节有关的因素对鸟类的活动影响明显，研究发现鸟类群落数量在不同的季节表现出明显差异，春季最高，秋季次之，夏季和冬季最低；但在不同年份的同一季节几乎没有差异。鸟类数量和种类还受植物生长时期及动物繁殖季节等的影响。

动物迁徙季节对鸟类多样性的影响很明显。本次调查，在北京动物园记录到鸟类 103 种，其中迁徙鸟 77 种，占 74.76%，构成鸟类群落的主体，颐和园、天坛公园、玉渊潭公园等鸟类与动物园相似。北京处于鸟类迁徙通道上，本地区城市公园鸟类的迁徙季节一般在每年 4—5 月的北归期和 9—10 月的南迁期能够观察到迁徙的鸟类。同时，春季是鸟类繁殖季节，许多平时见不到的鸟种，在这个时期都能被发现，如夜鹭在许多公园里已成为观鸟者的重要观察对象；春季草木萌发，鸳鸯主要以地面嫩草和杨柳树的嫩芽为食，同时采食河湖水域里的软体动物和昆虫。夏秋季节，玉渊潭公园金银木忍冬的浆果成熟，会招引大群太平鸟和小太平鸟觅食。秋季各种果实成熟，公园的乔木林、灌木丛中经常出现前来觅食的鸟类，如动物园水禽湖南岸的柿子三角地，在每年柿子成熟季节成为重要的观鸟地。冬季公园里枫杨的蒴果和桧柏的球果则会吸引黑尾蜡嘴雀（*Eophona migratoria*）、燕雀、金翅雀（*Chloris sinica*）等前来取食；冬季杨树等高大的乔木是乌鸦、喜鹊的越冬寄宿地，已经成为城市公园里的一道“亮丽风景线”，傍晚黑色满天飞，清晨白色铺满地。

三、公园管理工作对鸟类多样性的影响

城市公园环境不同于其他的自然绿地环境，城市公园是居民休憩、娱乐的重要场所，植物、水、场馆、道路等是公园的重要组成部分，植物景观、绿地环境是特色。保持景观优美、植物整齐、草地平整、水面干净是公园的主要管理工作。

1. 人工种植环境对鸟类多样性的影响 城市公园中的植物多种多样，除了古树、自然林地外，乔木、灌木、草等，大部分的植物是人工种植的。人工种植植物种主要是根据公园的位置、景观要求选择，并且许多的草种、植物都是外地甚至境外的引进种，这些引进植物种植、开花、结果等有特殊性，对在本地活动的鸟类群落有较大的影响。另外，人工种植的物种单一，非自然选择，可能不利于鸟类活动。

2. 园林修剪对鸟类多样性的影响 为了保障公园的正常运营，保持公园环境整洁，为游客提供舒适、安全的环境，公园会定期进行修整，如剪除草地、修剪树木等，改善环境，提高安全性，防止树枝跌落砸伤游客。然而，剪除草地会使草不能够完成完整的生长过程，即不能开花、结果等，也就不能够为鸟类提供食物和栖息环境；枯树枝杈修剪，去除了枯枝，填补了树洞，影响了鸟类栖息、繁殖；同时，公园树木修剪常常选择在春季进行，使用电锯、

水雉（*Hydrophasianus chirurgus*）

手锯、车辆机械等噪声很大，工作时段正好跟鸟类繁殖季节重合，对营巢孵化期鸟类产生较大干扰，也影响了鸟类的活动。冬季芦苇割除对越冬鸟类的影响也很大。

3. 植物病虫害防治对鸟类多样性的影响 植物病虫害防治是城市公园植物管理的重要工作内容。目前城市公园对植物病虫害防治的措施有多种，包括生物防治、化学防治、机械防治等。化学防治措施主要使用农药驱虫，在杀灭了害虫的同时，也杀灭了有益昆虫等生物，昆虫减少导致鸟类的食物来源减少，相继鸟类的多样性也受到影响。

4. 公园游览活动及游人的影响 游人游览、拍摄（本书中简称“拍鸟”）、围观、唱歌、跳舞等活动对鸟类的影响很大。随着生活水平的不断提高及素质教育的普及，观鸟、拍鸟成为人们学习知识、亲近自然、培养兴趣、生活休闲的重要形式。公园交通便利、环境优美，成为观鸟、拍鸟的主要活动地。一些游客在公园里唱歌跳舞；还有一些游客，游览过程中追赶、投喂鸟类，甚至在草地里铺席、搭棚、野餐、烧烤，这些场地大部分与周边的林地相连，对鸟类的活动产生了极大影响。每逢周末、节假日，特别是在鸟类迁徙季节、繁殖季节，常常出现几十上百的“长枪大炮”（指各类型的拍摄及观测设备）对准某一点位，长时间聚集、蹲守拍摄，为了获得高质量、优美画面的照片，甚至进行诱拍，破坏了鸟类的繁殖环境。

第四章

北京城市公园鸟类保护与公众教育

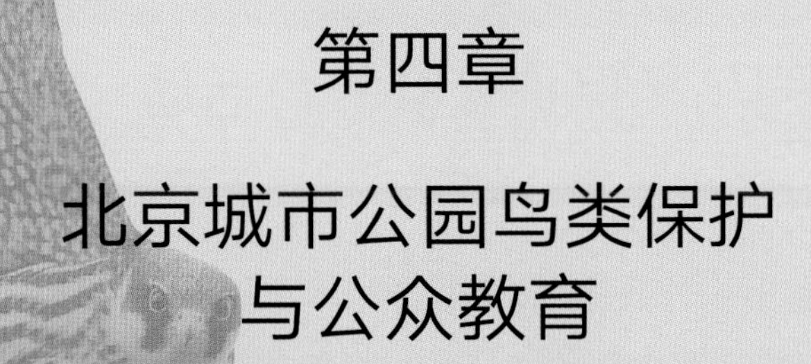

Bird Research

and

Conservation

in

Beijing Urban Parks

第一节
北京城市公园鸟类保护公众教育活动

公园是城市的重要组成部分，是市民居住、工作之外的重要活动空间，承载着市民游览、休憩、健身、交流等重要公共职能，随着社会政治、经济、文化的发展，公众教育已经成为现代化公园的重要功能之一。北京市公园管理中心（以下简称“中心”）所属公园拥有多家全国科普教育基地、北京市科普教育基地，拥有 2 座动植物科普馆、10 个科普小屋、设有科普官方微信公众号“科普公园”。多年来，中心及各公园根据自身的环境特点开展多样化公众教育活动，尤其在鸟类及生物多样性保护教育方面，引导公众了解生物多样性知识，提升公众生态文明素养，积极为推动提高全民科学素质贡献力量。

在生物多样性保护教育活动组织上，中心及所属公园充分发挥所属动植物专类园、历史名园及中国园林博物馆的丰富科普教育资源优势，在“爱鸟周”“国际生物多样性日”“国际湿地日”等重要节点统筹组织，开展大型生物多样性科普活动宣传，全年不间断地举行讲座、展览、互动教育等小型鸟类保护科普活动近千场次，并与学校实践教育相结合，走进社区、学校，面对公众，尤其是青少年开展生物多样性宣传教育，旨在提高市民对于生物多样性保护知识的了解，普及生物多样性保护的重要性和意义，持续提高自身生物多样性科普教育的辐射力和影响力，以期发挥生态文明教育和科学普及阵地的重要作用。

一、特色保护教育活动

1.“爱鸟周”活动　“爱鸟周”是我国为保护鸟类、维护自然生态平衡而开展的一项活动。1981 年，为保护迁徙于中日两国间的候鸟，我国设立了“爱鸟周”。1992 年国务院批准的《陆生野生动物保护条例》将“爱鸟周”以法规的形式确定下来。春季是鸟类迁徙、繁殖的重要季节，规定每年的 4 月底至 5 月初的某一周为“爱鸟周”，在此期间开展各种宣传教育活动。

北京市公园管理中心每年 4—5 月结合“爱鸟周”，以生物多样性及保护鸟类为主题，在北京市属公园范围内，连续开展大型生物多样性保护及爱鸟相关科普活动，集中宣传，整合优势，组织集中悬挂人工鸟巢、开展观鸟及鸟类识别、爱鸟护鸟行动计划，发放相关文明观鸟折页，开展线下大型常见鸟类展览及互动答题，体现公园生态保护职能，服务市民健康，提高鸟类保护意识，转化普及中心系统内鸟类科研成果。

中小学生在香山公园观看鸟类科普牌示

中心生物多样性保护科普宣传月活动

2.“国际生物多样性日”活动　生物多样性是地球生命经过几十亿年发展进化形成的生物所有形式、层次和联合体，是人类赖以生存和持续发展的物质基础。由于人类活动不断增加，环境受到污染与破坏，比如森林砍伐、植被破坏、滥捕乱猎等，世界上的生物物种正在快速减少。消失的物种不会再生，不仅会使人类失去一种自然资源，还会通过生物链引起连锁反应，影响人类和其他物种的生存。地球上现存在的生物有 300 万 ~1 000 万种或以上，而人类研究和被利用的生物只是其中一小部分。我国是一个生物多样性特别丰富的国家，有 3 万余种高等植物。20 世纪 80 年代，国际社会开始意识到保护生物多样性的重要性，制定了一系列的国际公约。1992 年，我国成为世界上首先加入《生物多样性公约》的 6 个国家之一，并成立了生物多样性保护委员会，制定了《中国生物多样性保护行动计划》。联合国大会于 2000 年 12 月 20 日通过了第 55/201 号决议，宣布每年 5 月 22 日即《生物多样性公约》通过之日为国际生物多样性日。各国在国际生物多样性日开展公共教育，增强民众生态意识。

北京市公园管理中心及所属的公园，每年在此期间开展活动，承担国家、北京市的生物多样性保护活动，举办多种形式的保护教育活动，提高市民对于生物多样性保护重要性的认识，帮助市民了解生物多样性保护中存在的问题，以及生物多样性保护的重要性和意义。

3.“国际湿地日”活动　湿地是全球价值最高的生态系统之一。1971 年 2 月 2 日，来自 18 个国家的代表在伊朗南部海滨小城拉姆萨尔签署了《关于特别是作为水禽栖息地的国际重要湿地公约》。为了纪念这一创举，并提高公众的湿地保护意识，1996 年《湿地公约》常务委员会第 19 次会议决定，从 1997 年起，将每年的 2 月 2 日定为“世界湿地日”。世界各国都在这一天举行不同形式的活动来宣传保护自然资源和生态环境。这一天，政府机构、组织和公民开展多种活动来提高公众对湿地价值和效益的认识，从而更好地保护湿地。

鸟类知识互动答题

《古都鸳鸯纪实》科普纪录片

北京市公园管理中心及所属公园，每年在“国际湿地日”举办保护教育活动，提高市民对于湿地功能的认识，帮助市民了解身边湿地保护中存在的问题，以及保护湿地的重要性和意义。

二、形式多样的鸟类科普

公园开展鸟类科普工作的初衷与目标，是通过鸟类观察、鸟类游戏、观鸟笔记、手工创作、鸟类生态科普展览等多种形式，线下活动与线上活动系统结合，传播鸟类知识，鸟类及其栖息地保护的方法、重要性，以及相关法律法规等，从而提升人们的鸟类保护意识。公园开展鸟类科普活动相关课题研究及鸟类资源调查，掌握公园野生鸟类组成、居留类型、鸟种数量季节性变化、分布区域等基础数据，收集整合科普资源，编写设计制作鸟类科普资料，利用问卷调查的形式，针对受众群体、科普内容、科普方式、活动形式等内容进行调查、统计和分析，然后根据分析结果针对主要的受众群体进行活动的设计和开发，包括图书、宣传册、室内外展览、科普文章、教具、小程序、课件、教案等，为公园鸟类科普活动体系建设奠定基础。

1. 鸟类知识科普讲座 是公园鸟类保护最常见的科普活动类型之一，讲授内容丰富多样，线上线下结合，多从如鸟类喙的形态、羽毛颜色、活动规律、行为特色、巢穴等多维度进行科普，传播鸟类知识，提升人们的鸟类保护意识。鸟类知识科普讲座受众广泛，难易由人，是快速大量获得鸟类相关知识的有效途径，并可演化为线上讲座，不受时间、空间的限制。以天坛公园“羽”众不同活动为例，采用线上线下讲座结合室内外观察，普及羽毛的定义、类型、分布、色彩等知识。

2. 鸟类科普展览 鸟类是公园常见的动物，但因鸟类的生活特性，大家不能随时见到，

1　六一儿童节濒危鸟类保护科普宣传
2　城市绿心森林公园福泽湖畔观鸟
3　颐和园鸟类科普知识宣讲
4　玉渊潭公园鸟类生态科普展板

特别是一些鸟的特殊行为、精彩时刻更是可遇不可求，因此，结合节日及重要日子举办鸟类摄影展一直是行业最主要的科普教育活动之一。以玉渊潭公园为例，公园在 2020—2022 年，连续举办 3 届大型鸟类生态科普展览，展出园内游客拍摄的鸟类精彩摄影作品近 500 幅，观赏人次达百万之多。园方还与拍鸟摄影者建立了良好的沟通渠道，能及时接收鸟类物种变化、鸟类救助需求等信息，便于公园快速掌握鸟况及实施救助。2022—2023 年，北京市公园管理中心结合鸟类科普展览推出 2 期"身边的飞羽精灵"线上答题活动，参与者达到 5 万余人次。

3. 自然观鸟活动　观鸟，是指利用望远镜等观测设备在不干扰鸟群活动且不破坏其栖息地的前提下，科学地观察鸟类特征的户外活动。观鸟是重要的社会实践活动，被认为是一种很好的进行青少年素质、环境以及生态教育的体验式科普活动。作为一种亲自然性较高的体验活动项目，由最初的仅专业观鸟，慢慢转变为民间普及的活动，专职教育老师、科研人员及社会观鸟爱好者常常自发形成团体在公园或其他栖息地观鸟，同时引导中小学生参与其中。

自然观鸟活动是北京市属公园最受欢迎的鸟类科普活动之一，通常在每年 4 月、9 月园区可见鸟种最多的时间段作为主要活动开展时间点，面向公众开展观鸟活动，用以提高公众参与兴趣。各园结合本园文化开发出多项各具特色的观鸟课程，使鸟类科普活动逐渐形成体系。如景山动物园依托公园中轴线文化内涵和底蕴，以北京雨燕为模式动物向公众普及鸟类保护知识，同时也传播了北京城的中轴线文化。国家植物园（北园）结合不同的园区游览路线，满足不同人观鸟活动的体验感；侧重专业性，通过以具有一定观鸟基础的人员为主、以观鸟爱好者为辅的鸟类调查，以及以爱自然、爱动植物的亲子家庭为主的公众观鸟两种形式开展观鸟活动，在2016—2022年累计组织观鸟活动近100场次，受众2 000余人，公众重复参与黏合度极高。

4. 鸟类科普互动游戏 一般会结合讲座及观鸟活动开展，配合宣传册发放、手工制作、模型教具等，实现提高公众科学探究技能、培养公众科学探究精神及学习科学知识的良好效果。景山公园使用废旧纸袋子为原料制作北京雨燕，实现宣传鸟类知识、北京文化和环保理念一举三得。玉渊潭公园结合“全国科普日”和”北京湿地日”开展“鸳鸯的一生”生态文明体验活动，参与者通过角色转换，以公园特色鸟类鸳鸯的身份体验栖息地的变化和自身的成长状态，从而探知动物、环境、人类三者间的关系。小朋友扮演鸳鸯，跟随讲师沿观察路线聆听湿地的历史及发展。在“小鸳鸯”们了解自己的生长环境后，引入自然游戏“栖息地”，通过呼啦圈（栖息地）和障碍设施（鸳鸯天敌）等道具体验，以及追逐闯关游戏，体验小鸳鸯的成长过程。通过追逐淘汰，12只“鸳鸯宝宝”最后只剩下3只左右可以长大，孩子们借此了解到了大自然中动物们成长的不易。

5. 鸟类日常科普牌示展示 以北京动物园为主，各公园在鸟类经常出没的地方设置鸟类相关科普牌示，介绍常见鸟类科普习性、样貌，设置鸟类趣味科普路线。在繁殖季节容易遇到幼鸟救助问题，各公园专门联系相关部门学习专业知识，制作鸟类救护展板、爱鸟护鸟警示牌，并将其摆放在门区及观鸟区醒目位置，便于向游人普及鸟类形态及救护知识，减少不必要的违反自然规律的干预行为。颐和园、景山公园、天坛公园等鸟类众多的公园还设计了大量相关鸟类宣传册，为科普活动提供科学支持。玉渊潭公园于2021年制作了《玉渊潭公园鸟类观察手册》，在鸟类保护活动中发放，推动大众观鸟、识鸟、爱鸟。

6. 线上活动 中心及所属公园常年依托“科普公园”等相关科普公众号，发布线上鸟类科普文章，制作《古都鸳鸯纪实》《小鸳鸯成长记》等科普视频，开发“身边的飞羽精灵”等多期鸟类线上科普答题，使用图文并茂的方式讲述公园内发生的鸟类趣事、小知识、小故事等，这些观鸟背后的故事情节细致深入、妙趣横生，很受读者喜爱。

2020年，北京动物园开发市属公园首条鸟类科普导览线路——“智游北京动物园之鸟喙与智慧”，基于腾讯微信小程序平台，进行线上“科普地图”游线设计，以动物园园区水禽湖和鸟苑为主要场所，展示鸟类为了适应不同的生活环境和食物种类而进化出的形态各异的喙。

三、城市公园鸟类保护课程设计

北京市公园管理中心持续积累鸟类保护相关活动经验，不断提升专职人员的专业技能水平以满足更多受众群体的需求，使鸟类科普活动课程具有设计分众化、形式多样化、受众多元化、教案差异化、教具科学化的特点。持续转化课题、文献、图书、图片、音频、视频 7 类科普资源，推出近百套课件、折页、护鸟手册等。

以天坛公园为例（表 4-1），2021—2022 年，公园开展的鸟类相关科普课程包括“探访林间的精灵”“猛禽战力大比拼”“万里长空结队行”等科普讲座、互动活动、亲子手工等，线上线下受众累计达到 2 万余人。

表 4-1　天坛公园鸟类科普活动

主题	活动场地	形式	受众类型
线上活动			
生态天坛	室内	线上讲座	青少年
“羽”众不同	室内	线上讲座	网络
探访林间的精灵	室内外	线上讲座 户外直播	网络
猛禽战力大比拼	室内	线上讲座	网络
巢来巢往	室内	线上讲座	网络
探寻精灵	室外	线上讲座	网络
观鸟简史	室内	线上讲座	网络
鹊桥会	室内	线上讲座 手工制作	网络
“喙”有不同	室内	线上讲座 科学实验	网络
冬季观鸟	室内	线上讲座	网络

（续）

主题	活动场地	形式	受众类型
线下活动			
户外观鸟	室外	自然观察 自然笔记	亲子家庭
万里长空结队行	室内	观影讲座	成年人
喜上树梢	室内	科普讲座 手工制作	亲子家庭
文明观鸟 从我做起	室内外	科普讲座 自然观察	亲子家庭
温暖之旅—读懂“雁南飞”	室内	科普讲座	成年人
大雪话坛鸟	室内	科普讲座	亲子家庭
春分，谁在天坛等着我们	室外	自然观察 互动讲解	亲子家庭
探寻精灵	室外	自然观察 互动讲解	亲子家庭
探访林间精灵 记录灵巧身姿	室内外	科普讲座 手工制作	亲子家庭
闻声可以识鸟吗?	室外	自然观察 互动讲解	亲子家庭
古树自然笔记	室内外	科普讲座 自然观察 自然笔记	中学生
鸟巢是鸟的家吗?	室内	科普讲座	亲子家庭
精灵总动员	室外	自然观察 互动讲解	亲子家庭
数说天坛	室内	科普讲座	小学生
温暖之旅——读懂“雁南飞”	室外	自然观察 互动讲解	亲子家庭
天坛冬季的常驻客	室内	科普讲座 手工制作	亲子家庭

（续）

主题	活动场地	形式	受众类型
		线下活动	
天坛鸟儿的“科”代表	室内	科普讲座 互动体验	亲子家庭
喜上树梢	室内	科普讲座 手工制作	亲子家庭
天坛冬季的常驻客	室内	科普讲座 互动讲解	青少年
天坛的春天到了吗?	室外	科普讲座 自然观察	亲子家庭
望“羊”项背，踏春出发	室外	互动讲解 自然观察 互动体验	青少年

以上课程中，又以自然观察类的讲座及课程最受欢迎，它让参与者走进自然，亲自观察到各种鸟类，让参与者感受到来自大自然的冲击力，唤醒人们对自然的探索、了解和保护的欲望。观鸟护鸟过程中，人们不仅获得了关于鸟类和大自然的知识，更使大自然对参与者产生心灵的触动，为人们进一步探索大自然和现实世界带来更多的好奇心和能量。

在自然观察课程设计流程上，一般分为课前准备、带队授课及活动总结三部分。

1. 课前准备 观鸟活动的课前准备与其他自然观察类活动相似，需要带队老师提前制订活动时间和路线，熟悉当地常见鸟类，以及准备教案、教具等。

（1）制订活动时间和路线 为了更好地向公众普及观鸟活动，一般选择在周末进行。大部分城市公园周末客流量较大，所以需要老师提前规划活动日期、开始和结束时间，以及活动路线。确定好时间以后，提前在该时间段对活动路线进行实地踏查。出于安全考虑，活动路线宜选择游人较少、不易引起聚集和阻塞的位置和道路。鸟类在清晨和黄昏比较活跃，更容易被观察到，所以观鸟活动多选择在清晨时段进行。

（2）鸟类预观察 确定活动时间和路线以后，再次对活动路线进行 2 ~ 3 次实地踏查，提前了解当地季节性可观察到的鸟种，做好观察记录。结合查阅当地鸟类图谱，预判活动当天可能观察到的鸟类，以及迁徙、过境鸟种。

（3）准备教案、教具 根据预调查掌握的鸟种资料，准备相关鸟类的知识点。可根据需要准备一些纸质科普展板、教材等。教具包括望远镜、鸟类图谱、鸟类观察记录表、笔、应急用品等。

2. 带队授课　活动开始时，带队老师首先选择一处开阔场地，向学员讲述活动内容、注意事项、望远镜的使用及相关安全知识，介绍当天观鸟活动路线、时间安排、观鸟细节、观察要点，讲解鸟类观察记录表的填写方法，以及保护动物、爱护环境、关爱自然的理念。

观鸟活动中，带队老师要注意带领学员们与鸟类保持距离，观察鸟类时尽量不要交头接耳，保持安静，如需交流则要轻声细语。带队老师要多让学员们自主观察，做大自然的体验者，独立探索发现自然界的奥秘。带队教师可适时启发性提问，鼓励学员主动寻找答案，解决问题。

前期准备充分，课程活动的进行会更加自如。而且每一次观鸟活动，总是会有一些令人惊喜的鸟种出现。带队老师可以提醒学员时刻留意天空，可能会发现迁徙过境的鸟类。

3. 活动总结　活动结束时，选择一处开阔场地聚拢学员进行总结。汇总本次活动观察到的鸟种及数量，提出问题引导学员深入思考，对观察到的知识点强化记忆，邀请学员对本次活动中的疑问进行提问、讨论、答疑，向大家宣传保护鸟类、关爱自然的理念，邀约下次再见。

丰富多样的爱鸟护鸟课程及活动吸引着游客走进市属公园，有趣的科普内容使大家不虚此行，相信随着越来越多的人了解鸟类保护知识、走进鸟类保护工作中来，城市生态环境和鸟类生存环境将越来越好，北京也将成为更多鸟类的栖息家园，实现人与自然的和谐共生。

第二节
北京城市公园鸟类保护故事

故事一
颐和园北京雨燕研究与保护

讲述人：张传辉（北京市颐和园管理处）

1870 年，英国学者史温侯（Robert Swinhoe）在北京第一次采集到雨燕的标本，将其定名为北京雨燕。全世界的普通雨燕（Apus apus）有 2 个亚种，北京雨燕便是其中之一，因为以北京为模式标本产地的动物种类十分稀少，北京雨燕便显得尤为珍贵。2008 年北京奥运会的吉祥物“妮妮”，其创作原型就是北京雨燕。北京雨燕全身体羽

为雨燕拍摄证件照

深褐色，喉部污白色，飞行时翅膀展开如镰刀形。熟悉雨燕的人经常称之为“无脚勇士”，但雨燕并不是真的没有脚，只是它的4个脚趾全部朝前，足型为前趾足，抓握能力很差。那么相对应的，就是它强大的飞行能力。雨燕的一生几乎都是在飞行中度过的，飞行中进食、睡觉甚至交配。它们会在颐和园廓如亭、景明楼等古建筑屋檐椽子之间的空隙里筑巢安家，利用杂草、羽毛等简单的巢材做成碗状巢，在这里就可以迎接雨燕宝宝的孵出了。为了更好地了解雨燕、保护雨燕，北京市公园管理中心在颐和园进行了很多科学研究，环志就是鸟类科学研究常用的方法之一，即根据鸟类形态和活动特征，在跗跖部、颈部、翅基部等合适的部位佩戴一个刻有全国鸟类环志中心唯一编号的金属环。当再次捕获该鸟以后，人们就可以了解它的移动轨迹和活动范围了。

2017年5月20日凌晨2点，雨燕还在廓如亭内栖息，志愿者们就已集结完毕，用巨大的捕鸟网将整个亭子围得严严实实。刚架好网不久就有雨燕撞网，志愿者迅速小心翼翼地将鸟摘下后装入不同颜色的布袋。装入布袋是为了减少它们的恐惧感，而不同颜色的布袋可以区分雨燕是否为已环志个体。对新捕获的未环志个体，志愿者会将标志环小心佩戴在鸟的跗跖部，要保证既牢固又能让雨燕活动自如。捕获到的雨燕迅速转移到测量组，包括体重、体长、翅长、头喙长和跗跖长等指标的测量，之后进行采血、拍照和环志。待所有雨燕都完成环志，它们便被放飞回天空。将近清晨5点的时候，志愿者中突然发出一阵骚动，大家听到消息后都是满脸欢喜，原来是捕获到了

工作人员从捕鸟网上摘取雨燕

雨燕跗跖测量

背负光敏定位仪的雨燕。

环志是全球通用的鸟类迁徙研究手段，当人们再次捕获到已环志的鸟类个体并向鸟类环志组织报告时，环志行为将变得非常有意义。雨燕是一种高回巢率的鸟，它们在繁殖季会大概率重复利用往年的巢址，这对工作人员回收已环志个体十分有利。回收到已环志的雨燕后，工作人员会对其进行测量，以了解它在上一次环志后的身体数据变化。那么，北京雨燕的迁徙路线如何？它们会到哪里越冬？为了回答这个科学问题，科学家为雨燕量身订制了全球定位追踪器。

2014 年 5 月，科学家为北京颐和园的 31 只雨燕佩戴了追踪器，像小书包一样背负在雨燕背部。它是一种光敏地理定位仪，重量仅有 0.6 g，通过记录周围环境光照强度的周期性变化来计算雨燕的地理位置。一年后的 2015 年，科学家在颐和园廓如亭回收到 13 只背负追踪器的雨燕，通过读取信息，雨燕这大半年的移动轨迹真相大白！

2014 年 7 月，这 13 只雨燕离开了颐和园廓如亭，开始了它们漫长的迁徙之路。历时 100 d，北京雨燕首先向西北方向的内蒙古迁飞，之后一路向西，从天山北部到达中亚地区，然后折向南方，穿过阿拉伯半岛，再跨越红海深入非洲，于 11 月上旬到达南非和纳米比亚越冬地。雨燕的这一次单程迁飞共跨越了十几个国家，总计超越 16 000 km。在越冬地，雨燕也保持着飞行状态。2015 年 2—4 月，这些雨燕又沿相似路线，返回北京颐和园，开启新一年的繁殖。每年如此超长距离的旅行，雨燕绝对担得起“勇士”之称。

这些可爱的小家伙每年不远万里飞越亚洲和非洲的广袤土地，每年春季，都会准时回到颐和园繁育后代，延续这个物种的故事。颐和园的古建筑为北京雨燕提供了栖身之所，北京雨燕则成为颐和园上空飞翔的精灵。

故事二
曾经的贵客——天坛公园长耳鸮消失始末

讲述人：金衡（北京市天坛公园管理处）

从20世纪90年代开始，有一种被鸟友们戏称为“大猫”的野生鸟类，引起了人们的关注。每年秋季它们总是如期而至，以天坛公园祈年殿西侧、圜丘坛神厨院周边和西北外坛3个区域的古柏林作为栖息地，待到第二年春暖花开之时，离开天坛启程北迁。这种时而呆萌、时而凶猛的野生鸟类就是——长耳鸮（*Asio otus*）。每年冬季大量游人来到天坛就是为了一睹它们的身姿，“贵客”之名当之无愧。

长耳鸮隶属于鸮形目鸱鸮（chī xiāo）科，俗名长耳猫头鹰、夜猫子、猫头鹰、大猫等，体型中等，国家二级重点保护动物，成鸟雌雄外形相似，体长30～40cm。脸盘棕黄色，中央具明显的X形图案，边缘褐色与白色相间。虹膜橙红色，头顶一对耳羽簇在停留时非常明显。耳羽簇与听觉关系不大，会随着情绪和行为变化随时竖起或放下。当长耳鸮紧张或受到惊吓时，耳羽簇便会迅速竖起来。当危险缓缓逼近，长耳鸮还会弓着身子，双目瞪圆，翅膀怒张，耳羽簇直立，以此来威胁对手，吓退捕食者。而在飞行过程中，耳羽簇则倒伏在头顶，起到减小飞行阻力的作用。还有学者认为，耳羽簇是一种保护性的拟态，它看起来就像两片在随风摇曳的树叶，是一种精巧的伪装。

长耳鸮主要以鼠类等啮齿动物为捕食对象，常将猎物整个吞食，无法消化的毛发和骨骼通过嘴巴再吐出来，吐出来的剩余物称为“食丸”。它们喜欢选择针叶林、针阔叶混交林作为栖息地。天坛公园以常绿针叶树种为主而形成的稳定植被群落，是长耳鸮的理想栖息地。

西城区科技馆生物教师岳颖从1998年开始关注在天坛越冬的长耳鸮种群。根据她的观察，在1998—2000年连续2个越冬季，天坛长耳鸮数量均稳定在60只左右，它们在10月下旬陆续迁徙至天坛，翌年4月中旬离开，居留期约180d。越冬期间长耳鸮数量变化趋势为少—多—少，10—11月陆续迁来，12月至翌年2月数量相对稳定，3—4月陆续迁离。由于长耳鸮有集群越冬的习惯，有时一棵树上可以停留10余只长耳鸮。

岳颖老师于2000—2001年冬春季1个越冬季在天坛公园收集到1047块食丸。张逦嘉等（2009）在2003—2006年连续3个越冬季先后在孔庙、国子监博物馆和天坛公园收集到378块食丸。通过对食丸成分分析表明，2000—2001年越冬季长耳鸮捕食

长耳鸮

最多的是鼠类，翼手类次之，小型鸟类最少；2003—2006 年连续 3 个越冬季长耳鸮捕食最多的是翼手类，小型鸟类次之，鼠类最少。对比分析发现，长耳鸮的食物结构发生了重大改变，主要捕食猎物——鼠类减少，取而代之的则是捕猎难度较大、适口性较差的翼手类和小型鸟类。

自然之友野鸟会从 2003 年开始对天坛公园鸟类的种类和数量进行持续调查和统计。结果表明，2003—2007 年在天坛公园越冬的长耳鸮种群数量变化不大，平均 22.8 只 / 年，最多时 25 只 / 年（2004 年），最少时 21 只 / 年（2006 年）。从 2008 年开始，长耳鸮种群数量逐年减少。长耳鸮种群数量在北京城区的减少，引起了社会各界的广泛关注和讨论。天坛公园作为长耳鸮在城区曾经的主要栖息地，自然成为人们关注和谈论的焦点。2019 年春节期间，一篇名为《致即将被彻底赶出北京的土著猫头鹰》的微信公众号文章，甚至引起了北京市领导的高度关注，有关专家前往天坛公园和麋鹿苑进行专题调研。通过现场调查和查阅相关文献，工作人员对北京城区冬季长耳鸮种群数量减少的原因进行了初步分析。

1. 主要食物来源减少 鼠类是传统农业生产中的害兽之一，可传播鼠疫、霍乱等传染病，是我国爱国卫生运动的长期防治对象之一。袁志强等（2014）的调查表明，2003—2008 年，北京市通过一系列措施使鼠类密度得到了有效控制。北京市农业局 2007 年印发了《北京市农田鼠害防治方案（2007—2008 年）》，其中明确指出，为保障2008年北京奥运会的顺利召开，奥运场馆、旅游景点、机场周边2～3km和交通主干线两侧300m周边农田等重点防治区域，鼠类防治指标为1%。北京市2000年以来鼠害防治措施不断加强，灭鼠运动的主要时间节点和岳颖、张遁嘉等（2009）及自然之友野鸟会的长耳鸮种群数量调查研究结果具有紧密的关联性。翼手类作为长耳鸮在北京地区的另一种主要捕食对象，其数量也呈下降趋势。战永佳等（2005）的研究表明，由于城市建设的发展，老旧房屋改造，原有翼手类的栖息环境发生变化，种群数量下降明显，仅在宫殿、庙宇分布较多，一般单只栖息活动，冬季越冬时数只挤在一起。

2. 栖息环境的变化影响 长耳鸮习惯栖息于传统越冬地点，受干扰后易放弃栖息地而迁离。2006—2007年天坛公园对长耳鸮的主要栖息地——圜丘坛神厨院周边进行环境改造，拆除北侧的天坛物料库（俗称大库），并对周边区域的绿地环境进行改造提升，吸引了大量游人在此进行广场舞、放风筝等健身活动。一些人为了拍摄长耳鸮睁大双眼的照片，不惜采用叫喊、拍手、踹树、播放噪声等不良行为。更有甚者，为了能够拍摄到长耳鸮的“飞版”照片，竟向它们投掷石头、木棍等。游人健身活动以及少数人的恶劣行为，对长耳鸮白天的休息行为造成严重影响，最终导致长耳鸮被迫离开。

据北京市猛禽救助中心工作人员介绍，2005年以来，救助中心收治的长耳鸮数量有一定程度的增长。分析这种变化的原因：一方面是市民对于城市野生动物的保护意识不断提高；另一方面，伴随北京城市建设的高速发展而出现的高层建筑及玻璃外墙，导致长耳鸮这种夜行性猛禽在城市中的生存环境不断变差。

栖息地及周边区域的猎物种群数量不断减少，长耳鸮的捕食距离和难度增加，夜间行动意外受伤的概率也随之增加，加之白天高强度的人为干扰，最终导致长耳鸮放弃了它们在城区内的传统栖息地。

连续2年的调查，在北京中心城区没有发现长耳鸮。不过令人欣慰的是，长耳鸮并没有彻底离开北京，它们选择了位于城市副中心的通州区水南村、桑园村、西太平庄村等地作为新的栖息地，这里是拆迁后形成的开阔荒野，并在2015年成功繁育后代。北京城市副中心这片区域内的荒野生境，保存了较好的生物多样性，吸引了包括长耳鸮在内的264种野生鸟类，占北京市野生鸟类的50%以上。

现代城市是一个复杂的生态系统，野生动物是城市生态系统中的一员，在北京市的城市建设中适当保留一些“荒野”，留给城市野生动物生存其中，将有助于使北京市成为人与自然、人与野生动物和谐相处的生态宜居城市。

故事三
意外的访客——天坛公园赤腹鹰繁殖纪实

讲述人：姜天垚（北京市天坛公园管理处）

猛禽是鸟类中独特的群体，它们翱翔于天际，穿梭于白云之间，有着划破长空的翅膀、强悍有力的硬喙、尖锐的利爪和犀利的眼神，一直为世人所喜爱。

2018 年 5 月，天坛公园上空一对赤腹鹰盘旋而至，它们选择了树型高大、枝繁叶茂、适合隐蔽的核桃树，用枯枝和新鲜枝叶筑成爱巢。当年产下 2 枚卵，卵为淡青白色，有不太明显的褐色斑点。孵化期 30d 左右，孵化由鹰妈妈独立完成。孵化期，鹰爸爸帅气地划破长空，飞翔于天坛公园和周边区域，负责巡视领地，保证爱巢和家人的安危。大约 30d 以后，雏鸟破壳而出，它们的羽毛洁白柔软，整个身子好像一个蓬松的小雪球儿，目光清澈，黑溜溜的小眼珠，可爱至极。谁能想到在不久的将来，它们将会是气势威猛的空中霸主呢！

在鹰爸爸、鹰妈妈周全悉心地呵护下，雏鹰们茁壮成长。短短几天，雏鹰身上那雪白的羽毛逐渐发生了变化，眼睛越来越有神，越来越锐利，胸前的红色斑点也逐渐显露出来，双翅的黑色羽毛逐渐长出。最后白色绒毛褪尽，换上了褐色正羽，雏鹰的外形与成鸟已经相差无几。雏鹰也很快习得了生存技巧，倏忽之间像离弦之箭展翅飞向天空。5—8 月，近 90d 的时间里，这对赤腹鹰成功在天坛完成了筑巢、产卵、孵化、育雏的全部过程。待到两只雏鹰健康长成后，它们则开始了迁徙之旅，暂时告别了天坛公园。

赤腹鹰属于中型猛禽，国家二级重点保护野生动物，处于食物链的顶端。赤腹鹰能够在天坛公园成功繁殖后代，说明天坛公园核桃树具有适宜的筑巢、孵化环境，周边有充足的食物来源，不仅是种类数量众多的鸟类的迁徙停歇地，也是赤腹鹰这一类猛禽的繁殖地。

天坛不仅是举世闻名的世界文化遗产，它还有一项生态功能，即北京城市核心区的“绿肺”。天坛公园地处北京城市中心，绿化覆盖率超过 85%，古柏更是多达 3 562 株。与周围环境相比，植被覆盖率高，生态环境复杂稳定，拥有较高的生物多样性水平、独特的小气候和特殊的生态环境，为本地及迁徙鸟类提供了良好的庇护场所。其多样的植被景观，为鸟类提供了食物来源以及隐蔽、繁殖场所。截至 2019 年，在公园范围内观测记录到 199 种野生鸟类，隶属于 15 目 52 科，占北京记录鸟种的近一半。这也是得益于天坛公园不断加大对自然生态环境的保护管理力度，维护城市公园生态系统，为鸟儿提供完整的食物链，从而维系着动植物物种间天然的生态平衡。

亲爱的读者朋友们，如果说祈年殿给了您一个蓝色的天空之梦，圜丘给了您一个白色的大地之梦，城市公园良好的生态环境则给了您一个绿色的未来之梦！

1 赤腹鹰成鸟
2 赤腹鹰育雏
3 赤腹鹰雏鸟

故事四
玉渊潭公园燕隼安家

讲述人：梁莹（北京市玉渊潭公园管理处）

2020 年 5 月，一对燕隼夫妇在玉渊潭公园西湖灯塔顶端安了家，这在京城观鸟圈儿引起了不小的轰动。许多爱鸟人士前来观察拍摄，在林立的镜头中，记录着燕隼一家不平凡的城市生活。

燕隼属于小型猛禽，国家二级保护动物，一般生活在旷野、平原及村庄附近，警惕性高，在城市公园繁殖极为少见。燕隼飞行速度快，翅膀狭长，外形跟雨燕相似；在翅膀折合时，翅尖几乎到达尾羽的端部，看上去很像燕子，因而得名。燕隼很少自

1 玉渊潭公园燕隼安家西湖灯塔
2 玉渊潭公园燕隼雏鸟

已营巢，一般是利用乌鸦或喜鹊的旧巢。灯塔的高度约30m，燕隼在这里安家不易受人威胁。

7月中旬，乌巢里出现了白绒绒的雏鸟，一共4只。燕隼领地意识极强，尤其在繁育期间，性情格外凶猛，为了保护雏隼及巢穴，经常与体型比自己大很多的乌鸦发生激战。这对燕隼对靠近巢穴的乌鸦毫不留情，勇猛追击，而且总是得胜而归，让觊觎巢中燕隼雏鸟的乌鸦一次次落空。

雏隼出壳后需要亲鸟抚养30d左右才能离巢。隼爸隼妈哺育雏隼可谓尽心尽力，每次捕回的猎物多种多样，麻雀、蝙蝠、青蛙、蜻蜓、知了等，而且总是会把猎物拔毛去翅、清理干净后再喂给宝宝。隼宝们渐渐长大并开始离巢练飞。8月8日，老大顺利出飞，而老二却力量不足，掉落在湖面荷叶上。情况紧急，工作人员及热心游客立即展开救护。雏隼得救上岸，经检查并未受伤。次日下午，工作人员精心选址，将隼宝放于隼巢附近的大树上。只见隼宝呆萌地观察四周，不时抖擞翅膀，移动脚步，

1 燕隼捕食麻雀饲喂雏鸟
2 雏隼坠落荷叶
3 燕隼飞往越冬地

大约 20 min 后，忽然振翅起飞，渐行渐远。众人随之欢呼，并把这只幼隼亲切地称为“二宝”。可是，放归当晚，京城就经历了一场疾风骤雨，大家担心二宝能否经受住大自然的考验，能否被父母发现并得到温暖的照顾……次日一早，人们就赶来公园，寻找二宝的身影。不负众望，10 点多，二宝出现了，头顶那撮萌萌的绒羽还在拂动，大家的内心得以宽慰。

一个多月过去了，隼宝们的生存本领渐渐成熟，到了该远走高飞、独立生活的时候了。每年的 9 月是猛禽迁徙季节，燕隼一家即将飞往越冬地。可是，爱鸟的人们既盼着隼宝强壮独立，又不舍离开，日日守护观望。隼宝们似乎也留恋着故土，不时回巢戏耍一会儿，只是回来的时间和次数越来越少了。

2021 年 5 月，鸟友们惊喜地发现，燕隼又回到灯塔上营巢了。这次，燕隼夫妇成功繁殖了 3 只小隼。在老大和老二顺利离巢后，三宝又不慎掉落绿地，园方再次及时施救并成功放归。

经过 2 年的持续观察，人们对燕隼的生活习性有了深入的了解，也对燕隼夫妇和隼宝们给予深切的期盼。愿它们都能健康地生活下去，来年再次还巢安家，也期盼公园良好的生态环境成为更多鸟儿们安身栖息的乐园。

国家植物园（北园）里的灰林鸮

故事五
飞入山林深处的灰林鸮

讲述人：陈红岩［国家植物园（北园）］

灰林鸮为中型鸮类，国家二级重点保护野生动物，体长 30 ~ 40cm，面盘明显，没有耳羽簇，耳朵不对称，左耳高于右耳，有助于增强对由下而来声音的敏感度。灰林鸮广泛分布于欧亚大陆及非洲西北部温暖森林地带，在中国分布较为广泛，主要栖息于山地阔叶林和针阔混交林中，尤其喜欢河岸和沟谷森林地带，也出现于林缘疏林和灌丛地区，较喜欢近水源的地方。猫头鹰是鸮形目鸟类的俗称，眼睛又大又圆，眼周由放射状排列的硬羽形成面盘，具有尖锐的喙和弯曲的利爪，喜欢夜间行动，捕猎鼠类为食，无论形态还是习性都和猫有相似之处，因此民间称之为“猫头鹰”。

国家植物园（北园）后山森林环境适合灰林鸮栖息，近几年的调查多次发现树洞巢穴、食丸等痕迹，但未有繁殖记录。2022 年 5 月，在后山鸟类调查过程中再次发现灰林鸮及其繁殖巢，为了不对动物造成人为干扰，鸟类调查小组安静地离开其栖息地。但是十多天后，令人惊喜的事情发生了，灰林鸮父母把出巢的宝宝带入游览区。国家植物园（北园）灰林鸮宝宝出巢的消息，在观鸟及拍鸟圈迅速扩散。6 月 3 日，游客发现 2 只呆萌的灰林鸮宝宝站在枝头，忽闪着大眼睛看着树下络绎不绝的人流，充满了警惕和好奇。

当时正值疫情防控期间，为了防止游人聚集，减少游人对灰林鸮造成的干扰，国家植物园（北园）及时采取保护措施，树立警示牌、引导牌，劝阻游人聚集，引导鸟友文明观鸟，并对灰林鸮栖息的树木及周边区域使用警戒线加以保护，使动物与人保持安全距离，为动物提供安全的活动区域。6 月 6 日，灰林鸮宝宝跟随亲鸟飞向山林深处，回到了属于它们的森林世界。

鸮形目属于猛禽，处于食物链顶端，是生态环境质量的指示物种，在生态系统中占有重要位置，其在国家植物园（北园）有栖息活动和繁殖记录，体现国家植物园（北园）具备良好的森林生态环境。

故事六
竹林里的土壤生态工程师

讲述人：徐新（北京市紫竹院公园管理处）

紫竹院公园始建于 1953 年，位于北京西直门外白石桥以西，因园内西北部有明清时期庙宇“福荫紫竹院”而得名。公园面积 45.7hm^2，水面约占 1/3，南长河、双紫渠穿园而过，公园造景模山范水求其自然，掇石嶙峋精心安置，亭、廊、轩、馆错落有致，修竹花木巧布其间，举目皆如画，四时景宜人。园内有竹 54 个品种，50 多万株。竹子是多年生的草本植物，根系分布比较浅，喜欢生长在土质疏松、肥沃的土壤里。

蚯蚓是著名的土壤生态系统工程师，蚯蚓通过取食、掘穴和排泄等活动对生态系统的生物、化学和物理特性产生影响，主要对土壤孔隙、团聚体的形成，成土作用和凋落物破碎降解等过程产生影响。蚯蚓的生态价值就体现在它惊人的食量上，土壤中的有机物连同沙砾被蚯蚓吞食后，经过蚯蚓消化管，土壤物理化学性质得到改良。最后排泄出的蚓粪中含有的氮、磷、钾等成分，较一般土壤含量高数倍，是一种高效的有机肥。

紫竹院公园尝试利用蚯蚓的生态功能为竹林松土，成功改善了竹林土壤理化质量。公园引进的是赤子爱胜蚓（*Eisenia foetida*），为北京本土物种。成年的赤子爱胜蚓每天摄食量约为自身体重的 20%，是名副其实的“饭桶”。经过一段时间的观察发现，如果不人工投喂食物，让蚯蚓在竹林里自然取食生长，蚯蚓的密度始终较小，无法在短时间起到疏松改良土壤的效果。于是工作人员开始想办法为蚯蚓人工投食，以快速提高竹林里的蚯蚓密度。

草屑在吨袋里经过半发酵处理

竹林里的蚯蚓招来更多的食虫鸟类

夏季，工作人员把修剪下来的草坪草装入吨袋，扎紧袋口，存放半个月，半发酵后即可用于投喂蚯蚓。将草屑装入吨袋，第一周温度可达 60 ～ 70℃，可以有效杀灭害虫及虫卵，达到半发酵，这时草屑会产生酸味，口感软烂，蚯蚓更爱取食。经过投喂，蚯蚓的密度快速增加，蚯蚓勤劳地为竹林松土，并将草屑转化成为高效有机肥料，为竹林施肥，进一步改良土壤。随着竹林中蚯蚓数量的增加，还带来了另外一个效应，就是食虫鸟类例如乌鸫、戴胜、啄木鸟等的数量也随之增加。2020 年 1 月以来，紫竹院公园观察到鸟类 26 科 57 种，鸟类比以前有了明显的增加，提高了城市公园鸟类多样性水平。

紫竹院公园采用生态修复技术，对竹林土壤进行科学养护管理，促进公园生态系统的能量和物质良性循环。2020 年度获得了国家实用新型专利“生物反应器”。公园把这个故事搬进了科普课堂，为同学们准备了蚯蚓养殖工具包、蚯蚓观察记录表，并且带领学员亲自动手绘制蚯蚓和乌鸫的自然笔记。

故事七
智游动物园——鸟喙与智慧

讲述人：邓晶（北京动物园管理处）

北京动物园深受游客喜欢，每年的游客达到近千万。进园后大部分游客是跟随场馆指引或随着其他游客观赏，没有明确目的。如何更好地服务游客，让游客在有限的时间内获取更多的知识，进行有特色的观赏，是公园一直以来的难题。公园导赏系统通常由线路规划和牌示系统组成，是为游客提供优质服务、提升游客体验的重要手段，是现代动物园必不可少的服务设施。牌示系统同时也是动物园服务游客和开展公众教育的重要设施，是动物园宣传生物多样性保护理念的重要途径。因此，北京动物园开始在导赏牌示系统上“做文章”，即利用现代技术，使游客利用手机进行导览。

“鸟喙与智慧”新媒体科普导赏系统以园区鸟苑为主要场所，共设立16块科普解说牌示。在解说牌示上设置二维码，游客通过微信“扫一扫”功能，扫描牌示上的二维码，链接到后台网站或数据库进行互动和知识的拓展阅读。采用短视频为主，文字、图片为辅的方式引导游客按照指引路径去游览及获取科普知识。

多种多样的鸟喙

鸟喙导赏线路图

新媒体科普导赏系统以“鸟喙与智慧”为内容主题，展示鸟类为了适应不同的生活环境，其喙、翼、足发生的一系列变化。鸟喙是一种轻量化的骨质架构，外侧覆盖着一层薄薄的角质蛋白。鸟喙是鸟类处理食物的首要器官，适合的喙型可以胜任特定的觅食习性，大多数鸟类仅依靠喙就可以获取食物。由于生活环境不同，鸟类的食性也是千差万别，鸟类的喙型能以相当快的演化速度来回应新的觅食机会。在漫长的演化过程中，鸟类因不同的取食方式而进化出了与食性相符的不同形状的喙，例如雁鸭类扁平的喙、鹤类细长而尖的喙、犀鸟巨大的喙、雉鸡类短而粗的喙、猛禽的钩状喙等。形形色色的鸟喙与不同的食物相适应。例如鹈鹕在捕食的时候是在水中进行的，游客很难在动物园内看到，而通过微信扫码就可以看到鹈鹕捕食的相关短视频或动画，进而了解鹈鹕喙的结构与捕食功能的关系。

围绕讲解鸟喙的性状、特征、功能、维系生存、保护教育几个方面制作科普项目，尽可能通过文字、图画、视频、照片、语音、声效、音乐、动画等，以生动、准确、深入浅出、寓教于乐的方式为游客提供线上科普服务。

新媒体科普导赏系统在形式上填补了公园行业多功能牌示的空白，为了吸引游客注意力，发挥科普牌示的最大功能，目前有单一的异形牌示，也有单一的二维码互动牌示，将形状设计成异形，可以与游客互动，还可以通过扫描二维码进行线上答题。科普牌示解说内容，为不同目的和需求的游客提供更多元化的知识点、更有选择性的动物知识，把选择权交给游客，满足不同游客对动物知识的需求。新媒体科普导赏系统有效解决了因科普人员有限、场地限制等导致的无法为更多受众开展科普活动的不足，也是在疫情期间无法开展线下科普互动的有力补充。以智能手机为媒介，通过APP、小程序等形式开展科普工作的方式将会被更多场所应用，与线下现场活动紧密结合，丰富公众教育活动的主题、内容和形式，提高了游客满意度和参与度。科普牌示解说系统的建立不仅可以显示公园的内涵，还能激发参观者的好奇心和独特见解。科普牌示解说系统由一到多条精巧的线索贯穿，形成动物园与游客交流对话的媒介，提升游客观赏体验满意度，成为科学传播工作领域内的重要载体和媒介。

故事八
古都鸳鸯种群恢复记

讲述人：崔多英（北京动物园管理处）

鸳鸯又名匹鸟、官鸭，在分类上隶属于雁形目（Anseriformes）鸭科（Anatidae）鸳鸯属，国家二级重点保护野生动物，主要分布于亚洲东部的俄罗斯远东地区、中国东部、朝鲜半岛和日本。鸳鸯羽色华丽绚烂，姿态优雅端庄，在中国传统文化中占有重要地位，是幸福生活和忠贞爱情的象征。历史上，由于栖息地破坏、人类干扰和非法捕猎，国内鸳鸯种群数量一度降至 1 500 ～ 2 000 对（赵正阶，2001）。20 世纪 80 年代，根据《北京鸟类志》（蔡其侃，1988）的报道，鸳鸯在北京地区为罕见的旅鸟，即迁徙过路鸟，未见有繁殖记录报道。如今，在北京的很多公园里都会看到野生鸳鸯在湖面、河面等地频繁出现。这种景象的恢复离不开北京动物园科研团队的努力，项目组从 2009 年开始，连续 10 多年在北京城市公园和郊区的河湖水域开展野生鸳鸯的繁殖生态学研究及野化放归工作。

2009 年开始，北京动物园开展鸳鸯保护项目，得到北京市公园管理中心支持，先后立项并顺利完成：北京地区野生鸳鸯繁殖生态学及保护策略研究（崔多英等，2009 年 1 月至 2011 年 12 月），鸳鸯繁殖、巢址选择及栖息地忠实性研究（由玉岩等，2014 年 1 月至 2016 年 12 月），鸳鸯野化放飞与跟踪监测（崔多英等,2016 年 4 月至 2018 年 12 月）3 个课题。经过 10 余年研究，项目不断深入了解鸳鸯生物学特征和生态习性，并获取鸳鸯繁殖重要参数，总结出鸳鸯人工繁育、人工招引和野化放归技术，连续 12 年在北京城市公园及周边河湖水域进行鸳鸯野化释放人工繁育的鸳鸯 330 只，促进北京地区野生鸳鸯种群持续稳定恢复，使野外种群数量常年保持在 500 ～ 600 只。

1. 了解鸳鸯对繁殖环境的需求 鸟类的繁殖成功与雌鸟繁殖期间的巢址选择及环境条件是密不可分的。巢址质量可以直接影响鸟类的繁殖成功率、雏鸟存活率，还可以间接影响种群动态和群落组成。研究鸟类的巢址选择就是研究巢及巢周围生态因子在鸟类巢址选择中的地位和作用，从而揭示鸟类在该处筑巢时哪些因素起着主导作用。

1　鸳鸯雌鸟检查人工巢箱
2　鸳鸯在人工巢箱里产卵、孵化

研究发现，影响鸳鸯巢址选择的环境因子主要有两大类。第一大类是植被盖度、高度及多样性，这是影响鸳鸯巢址选择的最重要因子，其中，乔、灌、草 3 个空间层次的特点可代表鸳鸯活动范围的生境特点。在城市公园中，鸳鸯多选择胸径为 30 ～ 50㎝的高大乔木，巢口方向较为开阔、没有遮挡且乔木树冠层郁闭度较高的巢箱悬挂地点。这一生境特点有利于鸳鸯对外界环境的观察及后期雏鸟的出飞。较高的乔木层郁闭度也更有利于遮蔽阳光及观察、躲避天敌。相比而言，较高的草本盖度也有利于鸳鸯成鸟及出巢雏鸟在地面觅食时隐蔽自己。鸳鸯巢址多选在灌丛盖度和密度较低且植株较高的地点（平均灌木高度 1.90 m），这一生境特点有利于成鸟及雏鸟对周围环境的观察及较快速地在灌丛中逃避危险。乔、灌、草 3 层空间立体模式构成了影响鸳鸯巢址选择的重要基本条件。第二大类是人为干扰的影响，其中包含与道路、水源的距离和瞬时人流等因素对鸳鸯巢址选择的影响。通过与其他鸟类的巢址选择特点比较，鸳鸯喜欢选择巢址处有较高的乔木层郁闭度和草本盖度，这个结果也暗示鸳鸯不喜过多的人类干扰。

2. 设计人工繁殖巢箱　鸳鸯是树栖鸟，繁殖需要树洞，但是公园里枯树会被及时砍伐，天然树洞也会被封堵，所以树洞较少，因此为鸳鸯提供适用的繁殖巢——人工巢箱成为工作重点。人工巢箱和洞口的尺寸完全按照鸳鸯的体型及营巢习性制作。鸳鸯人工巢箱可有效防止其他体型较大的鸭类使用，有效圈定了鸳鸯这一物种使用的特有性；而且制造和安装方便，可以广泛在鸳鸯繁殖区域如城市公园、保护区、林龄较低的次生林区等处悬挂，为野生鸳鸯繁育提供必要的巢址资源，持续为鸳鸯提供以人工招引为主的保育措施，以利于鸳鸯野生种群的恢复和可持续发展，还可以对鸳鸯繁殖生态学、行为学等开展进一步的科学研究。

3. 破解人工繁育技术难题 项目组根据野生鸳鸯繁殖生态学研究结果，确定鸳鸯人工繁育基本参数，形成比较成熟的鸳鸯卵人工孵化技术、鸳鸯雏鸟人工育幼技术，壮大鸳鸯人工种群，为野化放归项目的实施提供充足的动物来源。鸳鸯人工繁育技术主要包括鸳鸯卵人工孵化技术和鸳鸯雏鸟人工育幼技术。

（1）人工孵化技术 采用恒温孵化法，孵化机温度（37.6±0.2）℃，湿度50%～55%；落盘后移至出雏机，温度（37.0±0.2）℃，稍低于孵化温度，湿度70%～75%，稍高的湿度有利于雏鸟出壳。鸳鸯卵的鲜卵重（48.09±4.02）g，卵长径（53.09±1.43）mm，短径（39.95±1.62）mm，卵形指数为1.33±0.06。平均孵化期（29.10±0.32）d，孵化期间的平均失重率（16.13±1.27）%。卵重与孵化天数存在显著负相关关系。

（2）人工育幼技术 雏鸟出壳后待毛完全干爽，即可从出雏机移入育幼箱。育幼箱的长×宽×高分别为1.5m×1.0m×0.8m，可容纳大约20只雏鸟。使用电热毯或电热石取暖，温度保持在30～35℃，不低于25℃。箱内的普通照明灯白天点亮，夜间熄灭。置小型水盆、饲料盆和丰容用的木块、树枝等。饲料为雏鸟用面料。刚出壳的雏鸟在24h以后开食比较好，饲料不宜多给，以利于卵黄囊的完全吸收。3～7d后，雏鸟可移至更大空间的育雏室，育雏室围栏的网眼要密集，防止雏鸟攀爬、逃逸，并提供长×宽×深为1.0m×1.0m×0.3m左右的水池或水盆，供雏鸟游泳、洗浴。饲料增加切碎的蔬菜和少量面包虫活体。雏鸟20日龄以后，将其移入有水池、栖杠的室外笼舍，饲料改为禽用颗粒料、蔬菜和活面包虫。可将面包虫和蔬菜撒到笼舍地面和水池内，锻炼雏鸟采食能力，增强野性。

4. 探索野化放归技术 45日龄的鸳鸯体型已经接近成鸟，是活力旺盛、采食能力较强、具备躲避天敌能力的青年鸳鸯。经过兽医体检、野化放飞前的评估，各项指标合格后，报请林业主管部门审查批准，全部在北京地区放归野外，并进行野化放飞后的跟踪监测。其中，2009年野化放飞18只鸳鸯，2010年放飞14只，2011年放飞47只，2012年放飞16只，2013年放飞100只，2015年放飞12只，2016年放飞12只，2017

1　人工育幼的鸳鸯雏鸟
2　鸳鸯野化放飞

年放飞26只，2018年放飞14只，2019年放飞47只，2021年放飞24只，连续12年共野化放飞鸳鸯330只。野化放飞的青年鸳鸯采用全国鸟类环志中心提供的统一环志编号，鸳鸯左脚佩戴金属环志，右脚佩戴橙色旗标。10多年来，鸳鸯保护项目组先后在北京动物园、紫竹院公园、玉渊潭公园、怀柔黄花城水长城和北京城市绿心森林公园开展鸳鸯野化放归实验研究。放归后的科学监测显示，鸳鸯在野外存活状况良好，目前北京已形成稳定的野生鸳鸯繁殖种群，种群数量常年保持在500～600只。

2021年，继续开展中心课题“野化放归鸳鸯同生群扩散及迁移、迁徙规律研究”，利用环志方法和全球卫星定位追踪器跟踪监测技术，研究野化放归鸳鸯在北京及周边地区的生存状况和扩散及迁移、迁徙规律，为首都北京的生态环境提升做出贡献。

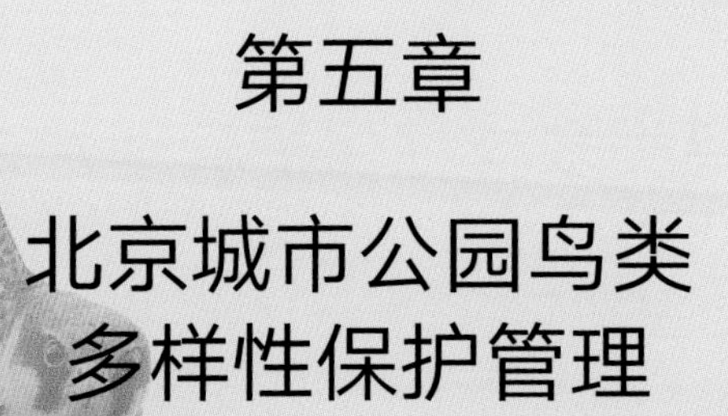

第五章

北京城市公园鸟类多样性保护管理

Bird Research and Conservation in Beijing Urban Parks

第一节
北京城市公园鸟类多样性保护管理建议

鸟类多样性是城市公园生物多样性的重要组成部分。改善公园环境，为鸟类多样性更加丰富提供适宜的条件，是公园管理者的职责。本节在北京城市公园鸟类多样性调查的基础上，结合资料分析，探讨加强北京城市公园鸟类多样性保护的对策与措施，提出对北京城市公园鸟类多样性保护的管理建议。

一、提升环境异质性水平

增加公园植物种类，丰富鸟类的栖息环境。合理的植物群落能为鸟类营造适宜的栖息场所，创造必需的繁殖营巢条件，补充鸟类的食物资源，维持鸟类多样性。

适当的乔灌草和多层次的植物群落结构能够为鸟类提供多样的栖息环境，鸟类会根据自身体型、习性选择栖息地。有的鸟类喜隐蔽于草丛或低矮灌木丛中，如苇莺和红尾伯劳等；有的鸟类喜欢将巢悬挂在枝端，如攀雀等。喜欢在树枝上筑巢的鸟类（如斑鸠属）一般选择冠幅较大的乔木，高大乔木可吸引自然营巢的喜鹊、灰喜鹊，保留一定数量的天然树洞用于招引鸳鸯、灰椋鸟等洞巢鸟类，啄洞营巢的啄木鸟、寄生产卵的杜鹃、利用旧巢的红脚隼，以及其他洞巢鸟类如大山雀、北红尾鸲等食虫鸟类都会随之增多。

二、增加植被垂直结构及边缘效应

鸟类对栖息地生境有较强的选择性，鸟类通常喜欢在周围有植物群落围合的空地中间或邻近水边的草地中栖息和取食。空地周围植物群落层次的复杂性可对鸟类栖息活动起到隐蔽作用；水源能为鸟类提供饮水，水边杂草丛生，利于昆虫繁殖生长，满足鸟类觅食。因此，在亲水地区应考虑布置草坪空间，草坪以开花结籽的缀花草地为主，在绿地的空地周边应尽量以自然式植物群落围合，为鸟类栖息和避险提供安全私密的生境场所。

注重乔、灌、草合理配置和多种生境的镶嵌关系。增加植被在垂直结构上的层次和边缘效应是提高鸟类群落多样性的必要措施。增加林下灌丛和草被，可为众多的雀、鹀、鸫等提供繁殖、摄食和隐蔽的条件。水域周边的灌丛和浅水湿地中芦苇、菖蒲等挺水植被，则有利于水禽和莺类的繁殖。河湖堤岸由垂直的混凝土结构改造成为土质缓坡，便于繁殖期水禽雏鸟上岸休息。

三、增加本土植物与荒野自然

在城市生物多样性保护中，乡土植物的果实成熟期与鸟类繁殖期或迁徙期基本一致，本地鸟类对植物的喜好是经过了长期自然选择的结果，它们更倾向于在乡土树种上栖息、觅食、停留。调查发现，城市公园的鸟类以留鸟居多，这些鸟类的一生都在同一区域生存活动，一年中随着季节的变化，在不同的地点觅食、栖息、交流，乡土植物的生长、开花、结果、休眠等，以及其中的昆虫、微生物等与留鸟的选择相协调。原生自然环境是乡土植物最适宜的环境，也是鸟类的天然家园。城市公园在提升改造过程中适度“留野”，保留一部分荒野地，为鸟类提供适宜栖息地，便可使人们在城市中欣赏到草长莺飞、鸟语花香的自然野趣，达到人与自然及城市鸟类和谐共生。

按照果实类型合理搭配，适当丰富果实类型，配植一些果期长、果量多的树种，尤其以坚果类和浆果类的挂果树种为主；适当增加冬春两季观花观果树种的种类和数量，能为鸟类过冬补充必需的食物，维持鸟类正常生活。

四、设计鸟类友好型园林园艺

加强科学养护管理，改善鸟类的环境质量。为了保障公园环境的整洁、舒适，进行适当的修剪、管理是必要的。建议虫害防控时减少化学药品的使用，增加生物防控措施；错开动物繁殖时机和繁殖地点，减少对鸟类繁殖的影响；修剪时保留一部分枯树杈、树洞，为鸟类栖息、产卵提供巢穴；悬挂人工巢箱，增加鸟类防风、避雨、繁殖的场所。冬季保留一部分枯萎植物，为鸟类提供适宜的越冬地；增加水面防冻设施，为鸟类提供活的水源。

五、提倡文明游园宣传教育

加强文明游园管理，减少对鸟类活动的干扰。鸟类迁徙季节，大部分公园都是鸟类迁徙的重要途经地。春季和秋季是鸟类重要的迁徙季节，此时应在主要的水域、林地减少活动，以减小对鸟类的影响。留鸟的繁殖季节大部分在春夏时节，此时应减少噪声，减少在鸟类重要繁殖区的集体活动。劝导游客跳舞、唱歌活动尽可能避开鸟类栖息环境，特别是在鸟类繁殖季节。劝导游客不要投喂、诱拍，在鸟类繁殖期时不要聚集干扰它们。

第二节 公园观鸟拍鸟道德规范

亲近自然、了解自然是现代人的重要生活需求。观鸟是重要的认识自然的活动，观鸟和拍摄鸟时应遵守以下“六要、六不要”的道德规范。

一、六要

1. **要遵守法律和规定** 遵守《中华人民共和国野生动物保护法》，禁止妨碍野生动物生息繁衍的活动；遵守《北京市公园条例》和各公园管理规定，文明游园，科学观鸟、拍鸟。

2. **要保持安静** 遇到鸟休息或捕食等行为时，保持安静，不能乱跑、喧哗、驱赶，可慢慢后退至不影响鸟的位置。

3. **要保持安全距离** 遇到鸟时，要保持安全距离，不影响鸟的活动、采食，大多数鸟类的安全距离在 15 m 以上，鹤类和猛禽的安全距离为 200 m 以上。

4. **要服从管理** 公园内观鸟、拍鸟时，要服从公园的管理要求，不能影响鸟的活动或其他游客。

5. **要穿着与环境相融的服装** 野外观鸟、拍鸟时，要穿着与环境相融的服装，不影响鸟的自然活动；离开时将物品和垃圾全部带走，不留一物。

6. **要科学救助受伤的鸟** 发现受伤鸟时，不能贸然移动，先观察周围环境，采取力所能及的救助措施，必要时拨打救助电话，寻求专业救助。

二、六不要

1. **不要投喂** 游览、观鸟、拍鸟时，不要给鸟投放食物。

2. **不要使用闪光灯** 拍鸟时，只能凭借自然光取景，不能采取闪光灯等人工补光措施。

3. **不要诱导拍摄** 不能使用投放食物、播放鸟鸣声音等诱导手段，以达到拍摄目的。

4. **不要去除或移动树枝** 观察巢内鸟时，要保持原生状态，不得去除或移动影响视线的树枝树叶。

5. **不要拍打或晃动树干** 观察巢内鸟时，不得拍打或晃动树干，影响巢内鸟孵化或休息。

6. **不要捡拾落地雏鸟** 发现落地雏鸟时，不要捡拾带走，可协助其回巢或将其放到安全位置，一般亲鸟会循声前来护理。

第六章

北京城市公园鸟类介绍

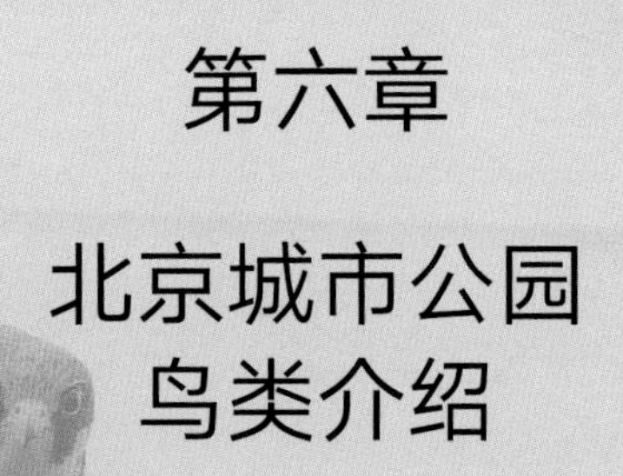

Bird Research and Conservation in Beijing Urban Parks

北京城市公园的鸟类包括陆禽、游禽、涉禽、攀禽、猛禽、鸣禽等六大生态类群。在城市公园的各种生境中，各生态类群都有相同或不同代表种类的分布。由于鸟类善于飞行，它们选择栖息地的能力很强，分布往往随季节、食物等因素的变化而变化。

一
陆禽

LANDFOWLS

陆禽的后肢强壮，适于地面行走，翅短圆，喙强壮且多为“弓”字形，适于啄食。代表种类有鹌鹑等。斑鸠虽然善飞翔，但取食主要在地面，因此也被归于陆禽。

北京城市公园的陆禽多有分布，见于各个公园。珠颈斑鸠多见于城市公园草坪和地面。

鸡形目
GALLIFORMES

鹌鹑（*Coturnix japonica*）
英文名：Japanese Quail

雄鸟

雌鸟

环颈雉（*Phasianus colchicus*）
英文名：Common Pheasant

雄鸟
雌鸟

鸽形目
COLUMBIFORMES

岩鸽（*Columba rupestris*）
英文名：Hill Pigeon，北京市重点保护野生动物

山斑鸠（*Streptopelia orientalis*）
英文名：Oriental Turtle Dove

灰斑鸠（*Streptopelia decaocto*）
英文名：Eurasian Collared Dove

珠颈斑鸠（*Streptopelia chinensis*）
英文名：Spotted Dove

二 游禽

NATATORES

游禽的脚趾间具蹼（蹼有多种），擅游泳。尾脂腺发达，能分泌大量油脂涂抹于全身羽毛，以保护羽衣不被水浸湿。嘴形或扁或尖，适于在水中滤食或啄鱼。代表种类有绿头鸭、鸳鸯、䴙䴘等。

北京城市公园的河湖水域，均可观察到种类繁多的游禽，包括天鹅、潜鸭、秋沙鸭、麻鸭、鸬鹚等，凤头䴙䴘常年在颐和园水域繁殖。近年来，鸳鸯在城市公园（北海公园、玉渊潭公园、颐和园、北京动物园、紫竹院公园等）均有分布或繁殖记录。

雁形目
ANSERIFORMES

鸿雁（*Anser cygnoid*）
英文名：Swan Goose，国家二级重点保护野生动物

豆雁（*Anser fabalis*）
英文名：Bean Goose，北京市重点保护野生动物

短嘴豆雁（*Anser serrirostris*）
英文名：Tundra Bean Goose

灰雁（*Anser anser*）
英文名：Graylag Goose，北京市重点保护野生动物

斑头雁（*Anser indicus*）
英文名：Bar-headed Goose

小天鹅（*Cygnus columbianus*）
英文名：Tundra Swan，国家二级重点保护野生动物

大天鹅（*Cygnus cygnus*）
英文名：Whooper Swan，国家二级重点保护野生动物

翘鼻麻鸭（*Tadorna tadorna*）
英文名：Common Shelduck

赤麻鸭（*Tadorna ferruginea*）
英文名：Ruddy Shelduck，北京市重点保护野生动物

鸳鸯（*Aix galericulata*）
英文名：Mandarin Duck，国家二级重点保护野生动物

前雄后雌

赤膀鸭（*Mareca strepera*）
英文名：Gadwall，北京市重点保护野生动物

罗纹鸭（*Anas zonorhyncha*）
英文名：Falcated Duck，北京市重点保护野生动物

雄鸟
雌鸟

斑嘴鸭（*Anas zonorhyncha*）
英文名：Eastern Spot-billed Duck

赤颈鸭（*Mareca penelope*）
英文名：Eurasian Wigeon

左雄右雌

绿头鸭（*Anas platyrhynchos*）
英文名：Mallard

针尾鸭（*Anas acuta*）
英文名：Northern Pintail，北京市重点保护野生动物

绿翅鸭（*Anas crecca*）
英文名：Green-winged Teal

琵嘴鸭（*Spatula clypeata*）
英文名：Northern Shoveler，北京市重点保护野生动物

白眉鸭（*Spatula querquedula*）
英文名：Garganey，北京市重点保护野生动物

花脸鸭（*Sibirionetta formosa*）
英文名：Baikal Teal

雄鸟
雌鸟

赤嘴潜鸭（*Netta rufina*）
英文名：Red-crested Pochard

雄鸟
雌鸟

凤头潜鸭（*Aythya fuligula*）
英文名：Tufted Duck

雄鸟

红头潜鸭（*Aythya ferina*）
英文名：Common Pochard，北京市重点保护野生动物

青头潜鸭（*Aythya baeri*）
英文名：Baer's Pochard，国家一级重点保护野生动物

白眼潜鸭（*Aythya ferina*）
英文名：Ferruginous Duck，北京市重点保护野生动物

鹊鸭（*Bucephala clangula*）
英文名：Common Goldeneye，北京市重点保护野生动物

雄鸟
雌鸟

斑头秋沙鸭（*Mergellus albellus*）
英文名：Smew

左雄右雌

普通秋沙鸭（*Mergus merganser*）
英文名：Common Merganser，北京市重点保护野生动物。

红胸秋沙鸭（*Mergus serrator*）
英文名：Red-breasted Merganser，北京市重点保护野生动物

鸊鷉目
PODICIPEDIFORMES

小鸊鷉（*Tachybaptus ruficollis*）
英文名：Little Grebe，北京市重点保护野生动物

繁殖羽

非繁殖羽

赤颈䴙䴘（*Podiceps grisegena*）
英文名：Red-necked Grebe，国家二级重点保护野生动物

凤头䴙䴘（*Podiceps cristatus*）
英文名：Great Crested Grebe，北京市重点保护野生动物

雄鸟，繁殖羽

非繁殖羽

角䴙䴘（*Podiceps auritus*）
英文名：Horned Grebe，国家二级重点保护野生动物

黑颈䴙䴘（*Podiceps nigricollis*）
英文名：Black-necked Grebe，国家二级重点保护野生动物

雄鸟

雌鸟和幼鸟

鲣鸟目
Suliformes

普通鸬鹚（*Phalacrocorax carbo*）
英文名：Great Cormorant，北京市重点保护野生动物

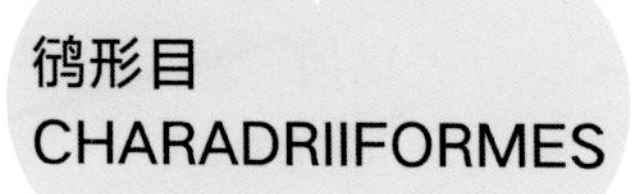

鸻形目
CHARADRIIFORMES

棕头鸥（*Chroicocephalus brunnicephalus*）
英文名：Brown-headed Gull

红嘴鸥（*Chroicocephalus ridibundus*）
英文名：Black-headed Gull

黑尾鸥（*Larus crassirostris*）
英文名：Black-tailed Gull

西伯利亚银鸥（*Larus smithsonianus*）
英文名：Siberian Gull

普通燕鸥（*Sterna hirundo*）
英文名：Common Tern

灰翅浮鸥（*Chlidonias hybrida*）
英文名：Whiskered Tern

三
涉禽

WADING BIRDS

涉禽的外形具有“三长”特征，即喙长、颈长、后肢（腿和脚）长，适于涉水生活，因为后肢长可以在较深水处捕食和活动。它们趾间的蹼膜往往退化，因此不擅游水。典型的代表种类是鹭，还有体型较小但种类繁多的鸻类和鹬类都属于典型的涉禽。

北京城市公园的涉禽主要分布于有河湖水域的公园，黄斑苇鳽在挺水植物茂密处繁殖，苍鹭、夜鹭、池鹭、白鹭等中大型鹭鸟在城市公园人工湖或湿地觅食，并在其附近林冠层筑巢繁殖。

鸻形目
CHARADRIIFORMES

黑翅长脚鹬（*Himantopus himantopus*）
英文名：Black-winged Stilt

雄鸟
雌鸟

反嘴鹬 (*Recurvirostra avosetta*)
英文名 : Pied Avocet

凤头麦鸡（*Vanellus vanellus*）
英文名：Northern Lapwing

丘鹬（*Scolopax rusticola*）
英文名：Eurasian Woodcock

扇尾沙锥（*Gallinago gallinago*）
英文名：Common Snipe

红脚鹬（*Tringa totanus*）
英文名：PCommon Redshank

白腰草鹬（*Tringa ochropus*）
英文名：Green Sandpiper

矶鹬（*Actitis hypoleucos*）
英文名：Common Sandpiper

黄脚三趾鹑（*Turnix tanki*）
英文名：Yellow-legged Buttonquail

鹈形目 PELECANIFORMES

白琵鹭（*Platalea leucorodia*）
英文名：Eurasian Spoonbill，国家二级重点保护野生动物

大麻鳽（*Botaurus stellaris*）
英文名：Eurasian Bittern，北京市重点保护野生动物

黄斑苇鳽（*Ixobrychus sinensis*）
英文名：Yellow Bittern

夜鹭（*Nycticorax nycticorax*）
英文名：Black-crowned Night Heron

池鹭（*Ardeola bacchus*）
英文名: Chinese Pond Heron

牛背鹭（*Bubulcus ibis*）
英文名：Cattle Egret，北京市重点保护野生动物

苍鹭（*Ardea cinerea*）
英文名：Grey Heron

草鹭（*Ardea purpurea*）
英文名：BPurple Heron，北京市重点保护野生动物

大白鹭（*Ardea alba*）
英文名：Great Egret，北京市重点保护野生动物

中白鹭（*Ardea intermedia*）
英文名：Intermediate Egret

白鹭（*Egretta garzetta*）
英文名：Little Egret

鹤形目
GRUIFORMES

普通秧鸡（*Rallus indicus*）
英文名：Brown-cheeked Rail

白胸苦恶鸟（*Amaurornis phoenicurus*）
英文名：White-breasted Waterhen

黑水鸡（*Gallinula chloropus*）
英文名：Common Moorhen

白骨顶（*Fulica atra*）
英文名：Common Coot

四
攀禽

SCANSORIAL BIRDS

攀禽的足（脚）趾类型发生多种变化，适于在岩壁、石壁、土壁、树干等处行攀缘生活。如两趾向前、两趾朝后的啄木鸟、杜鹃，四趾朝前的雨燕，三、四趾基部并连的戴胜、翠鸟等均属于攀禽。

北京城市公园的攀禽因种而异，分布在不同环境区域。常年留居的啄木鸟主要栖息地为公园的林地。夏候鸟普通雨燕分布在公园的古建筑周围，利用建筑物的孔洞造巢繁殖，夏候鸟大杜鹃集中在有东方大苇莺繁殖的湿地苇丛地带，四声杜鹃则寻找城市公园有鸦科鸟类繁殖的地方，它们分别利用苇莺、灰喜鹊等鸟类完成巢寄生。戴胜一年四季都能见到，它们选择在城市公园湖泊边有树洞的地方造巢繁殖。翠鸟在公园有水面的地方都能见到，它们捕食水中的小鱼和大型昆虫，在土壁上掘洞营巢繁殖。

夜鹰目
CAPRIMULGIFORMES

普通夜鹰（*Caprimulgus indicus*）
英文名：Grey Nightjar，北京市重点保护野生动物

普通雨燕（*Apus apus*）
英文名：Common Swift，北京市重点保护野生动物

鹃形目
CUCULIFORMES

红翅凤头鹃（*Clamator coromandus*）
英文名：Chestnut-winged Cuckoo

噪鹃（*Eudynamys scolopaceus*）
英文名：Asian Koel

雄鸟

雌鸟

大鹰鹃（*Hierococcyx sparverioides*）
英文名：Large Hawk Cuckoo

东方中杜鹃（*Cuculus optatus*）
英文名：Oriental Cuckoo

四声杜鹃（*Cuculus micropterus*）

英文名：Indian Cuckoo，北京市重点保护野生动物

大杜鹃（*Cuculus canorus*）
英文名：Common Cuckoo，北京市重点保护野生动物

犀鸟目
BUCEROTIFORMES

戴胜（*Upupa epops*）
英文名：Common Hoopoe，北京市重点保护野生动物

佛法僧目 CORACIIFORMES

三宝鸟（*Eurystomus orientalis*）
英文名：Dollar bird，北京市重点保护野生动物

普通翠鸟（*Alcedo atthis*）
英文名：Common Kingfisher，北京市重点保护野生动物

冠鱼狗（*Megaceryle lugubris*）
英文名：Crested Kingfisher

斑鱼狗（*Ceryle rudis*）
英文名：Pied Kingfisher

啄木鸟目
PICIFORMES

蚁䴕（*Jynx torquilla*）
英文名：Eurasian Wryneck，北京市重点保护野生动物

棕腹啄木鸟（*Dendrocopos hyperythrus*）
英文名：Rufous-bellied Woodpecker，北京市重点保护野生动物

星头啄木鸟（*Dendrocopos canicapillus*）
英文名：Grey-capped Woodpecker，北京市重点保护野生动物

大斑啄木鸟（*Dendrocopos major*）
英文名：Great Spotted Woodpecker，北京市重点保护野生动物

灰头绿啄木鸟（*Picus canus*）
英文名：Grey-headed Woodpecker，北京市重点保护野生动物

五
猛禽

RAPTORS

猛禽的喙、爪锐利带钩，视觉器官发达，飞翔能力强，多具有捕杀动物为食的习性。羽色较暗淡，常以灰色、褐色、黑色、棕色为主要体色。代表种类有日行性的雀鹰、红隼、猎隼和夜行性的雕鸮等。

在迁徙季节，有鹰形目、隼形目鸟类飞越北京城市公园上空。赤腹鹰、红隼、燕隼、红脚隼、红角鸮在城市公园有繁殖记录。

鹰形目
ACCIPITRIFORMES

黑翅鸢（*Elanus caeruleus*）
英文名：Black-winged Kite，国家二级重点保护野生动物

雄鸟

凤头蜂鹰（*Pernis ptilorhynchus*）
英文名：Oriental Honey Buzzard，国家二级重点保护野生动物

秃鹫（*Aegypius monachus*）
英文名：Cinereous Vulture，国家一级重点保护野生动物

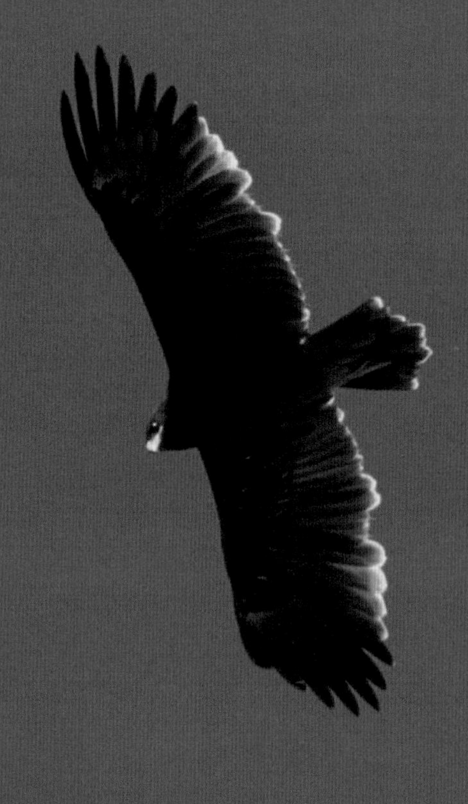

乌雕（*Clanga clanga*）
英文名：Greater Spotted Eagle，国家一级重点保护野生动物

凤头鹰（*Accipiter trivirgatus*）
英文名：Grested Goshawk，国家二级重点保护野生动物

亚成鸟

赤腹鹰（*Accipiter soloensis*）
英文名：Chinese Sparrowhawk，国家二级重点保护野生动物

日本松雀鹰（*Accipiter gularis*）
英文名：Japanese Sparrowhawk，国家二级重点保护野生动物

雀鹰（*Accipiter nisus*）
英文名：Eurasian Sparrowhawk，国家二级重点保护野生动物

亚成鸟

苍鹰（*Accipiter gentilis*）
英文名：Northern Goshawk，国家二级重点保护野生动物

白腹鹞（*Circus spilonotus*）
英文名：Eastern Marsh Harrier，国家二级重点保护野生动物

雄鸟

雌鸟

白尾鹞（*Circus cyaneus*）
英文名：Hen Harrier，
国家二级重点保护野生动物

雄鸟
雌鸟

鹊鹞（*Circus melanoleucos*）
英文名：Pied Harrier，国家二级重点保护野生动物

成鸟

亚成鸟

黑鸢（*Milvus migrans*）
英文名：Black Kite，国家二级重点保护野生动物

普通鵟（*Buteo buteo*）
英文名：Eastern Buzzard，国家二级重点保护野生动物

鸮形目
STRIGIFORMES

红角鸮（*Otus sunia*）
英文名：Oriental Scops Owl，国家二级重点保护野生动物

北领角鸮（*Otus semitorques*）
英文名：Japanese Scops Owl，国家二级重点保护野生动物

雕鸮（*Bubo bubo*）
英文名：Eurasian Eagle-owl，国家二级重点保护野生动物

灰林鸮（*Strix aluco*）
英文名：Tawny Owl，国家二级重点保护野生动物

纵纹腹小鸮（*Athene noctua*）
英文名：Little Owl，国家二级重点保护野生动物

日本鹰鸮（*Ninox japonica*）
英文名：Northern Boobook，国家二级重点保护野生动物

隼形目
FALCONIFORMES

红隼（*Falco tinnunculus*）
英文名：Common Kestrel，国家二级重点保护野生动物

雄鸟
雌鸟

红脚隼（*Falco amurensis*）

英文名：Amur Falcon，国家二级重点保护野生动物

雄鸟

雌鸟

燕隼（*Falco subbuteo*）
英文名：Eurasian Hobby，国家二级重点保护野生动物

猎隼（*Falco cherrug*）
英文名：Saker Falcon，国家一级重点保护野生动物

游隼（*Falco peregrinus*）
英文名：Peregrine Falcon，国家二级重点保护野生动物

六
鸣禽

PASSERINES

鸣禽种类繁多，鸣叫器官（鸣肌和鸣管）发达。它们善于鸣叫，巧于营巢，繁殖时有复杂多变的行为，身体为中、小型，雏鸟均为晚成，在巢中得到亲鸟的哺育才能正常发育。代表种类有喜鹊、乌鸦、山雀、家燕、椋鸟、麻雀等。

北京城市公园的鸣禽种类最为丰富，在全市各公园都有许多种类分布。山噪鹛、银喉长尾山雀是浅山地区公园的留鸟，乌鸫自 2007 年进入北京，见于各城市公园。冬季沼泽山雀下降到低海拔林地活动，近几年在城市公园有繁殖记录。喜鹊、灰喜鹊、大嘴乌鸦、麻雀等伴人鸟种常年留居在城市公园造巢繁殖。

雀形目
PASSERIFORMES

山椒鸟科

暗灰鹃鵙（*Lalage melaschistos*）
英文名：Black-winged Cuckoo-shrike

灰山椒鸟（*Pericrocotus divaricatus*）
英文名：Ashy Minivet

长尾山椒鸟（*Pericrocotus ethologus*）
英文名：Long-tailed Minivet，北京市重点保护野生动物

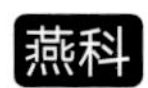

燕科

家燕（*Hirundo rustica*）
英文名：Barn Swallow，北京市重点保护野生动物

金腰燕（*Cecropis daurica*）
英文名：Red-rumped Swallow，北京市重点保护野生动物

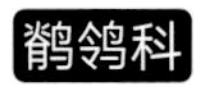

鹡鸰科

山鹡鸰（*Dendronanthus indicus*）
英文名 : Forest Wagtail

灰鹡鸰（*Motacilla cinerea*）
英文名：Gray Wagtail

白鹡鸰（*Motacilla alba*）
英文名：White Wagtail

树鹨（*Anthus hodgsoni*）
英文名：Olive-backed Pipit

水鹨（*Anthus spinoletta*）
英文名：Water Pipit

领雀嘴鹎（*Spizixos semitorques*）
英文名：Collared Finchbill

白头鹎（*Pycnonotus sinensis*）
英文名：Light-vented Bulbul

栗耳短脚鹎（*Hypsipetes amaurotis*）
英文名：Brown-eared Bulbul

太平鸟科

太平鸟（*Bombycilla garrulus*）
英文名：Bohemian Waxwing，北京市重点保护野生动物

小太平鸟（*Bombycilla japonica*）
英文名：Japanese Waxwing，北京市重点保护野生动物

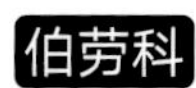

伯劳科

牛头伯劳（*Lanius bucephalus*）
英文名：Bull-headed Shrike

红尾伯劳（*Lanius cristatus*）
英文名：Brown Shrike，北京市重点保护野生动物

雄鸟
雌鸟

黑枕黄鹂（*Oriolus chinensis*）
英文名：Black-naped Oriole，北京市重点保护野生动物

黑卷尾（*Dicrurus macrocercus*）
英文名：Black Drongo，北京市重点保护野生动物

灰卷尾（*Dicrurus leucophaeus*）
英文名：Ashy Drongo

发冠卷尾（*Dicrurus hottentottus*）
英文名：Hair-crested Drongo，北京市重点保护野生动物

鹪鹩科

鹪鹩（*Troglodytes troglodytes*）
英文名：Eurasian Wren

椋鸟科

八哥（*Acridotheres cristatellus*）
英文名：Crested Myna

丝光椋鸟（*Spodiopsar sericeus*）
英文名：Silky Starling，北京市重点保护野生动物

灰椋鸟（*Spodiopsar cineraceus*）
英文名：White-cheeked Starling

北椋鸟（*Agropsar sturninus*）
英文名：Daurian Starling

松鸦（*Garrulus glandarius*）
英文名：Eurasian Jay

灰喜鹊（*Cyanopica cyanus*）
英文名：Azure-winged Magpie

红嘴蓝鹊（*Urocissa erythroryncha*）
英文名：Red-billed Blue Magpie，北京市重点保护野生动物

喜鹊（*Pica pica*）
英文名：Common Magpie

达乌里寒鸦（*Corvus dauuricus*）
英文名：Daurian Jackdaw

秃鼻乌鸦（*Corvus frugilegus*）
英文名：Rook

小嘴乌鸦（*Corvus corone*）
英文名：Carrion Crow

大嘴乌鸦（*Corvus macrorhynchos*）
英文名：Large-billed Crow

岩鹨科

棕眉山岩鹨（*Prunella montanella*）
英文名：Siberian Accentor

鸫科

白眉地鸫（*Geokichla sibirica*）
英文名：Siberian Thrush

虎斑地鸫（*Zoothera aurea*）
英文名 : White's Thrush

灰背鸫（*Turdus hortulorum*）
英文名：Grey-backed Thrush

乌鸫（*Turdus mandarinus*）
英文名：Chinese Blackbird，北京市重点保护野生动物

褐头鸫（*Turdus feae*）
英文名：Grey-sided Thrush，国家一级重点保护野生动物

白眉鸫（*Turdus obscurus*）
英文名：Eyebrowed Thrush

赤胸鸫（*Turdus chrysolaus*）
英文名：Brown-headed Thrush

黑喉鸫（*Turdus atrogularis*）
英文名：Black-throated Thrush

赤颈鸫（*Turdus ruficollis*）
英文名：Red-throated Thrush

斑鸫（*Turdus eunomus*）
英文名：Dusky Thrush

红尾鸫（*Turdus naumanni*）
英文名：Naumann's Thrush

宝兴歌鸫（*Turdus mupinensis*）
英文名：Chinese Thrush，北京市重点保护野生动物

鹟科

欧亚鸲（*Erithacus rubecula*）
英文名：European Robin

红尾歌鸲（*Larvivora sibilans*）
英文名：Rufous-tailed Robin

蓝歌鸲（*Larvivora cyane*）
英文名：Siberian Blue Robin

红喉歌鸲（*Calliope calliope*）
英文名：Siberian Rubythroat，国家二级重点保护野生动物

雄鸟

雌鸟

蓝喉歌鸲（*Luscinia svecica*）
英文名：Bluethroat，国家二级重点保护野生动物

蓝额红尾鸲（*Phoenicuropsis frontalis*）
英文名：Blue-fronted Redstart

红胁蓝尾鸲（*Tarsiger cyanurus*）
英文名：Orange-flanked Bluetail，北京市重点保护野生动物

北红尾鸲（*Phoenicurus auroreus*）
英文名：Daurian Redstart

赭红尾鸲（*Phoenicurus ochruros*）
英文名：Black Redstart

黑喉石䳭（*Saxicola maurus*）
英文名：Siberian Stonechat

白喉矶鸫（*Monticola gularis*）
英文名：White-throated Rock Thrush

雄鸟
雌鸟

乌鹟（*Muscicapa sibirica*）
英文名：Dark-sided Flycatcher

北灰鹟（*Muscicapa dauurica*）
英文名：Asian Brown Flycatcher

白眉姬鹟（*Ficedula zanthopygia*）
英文名：Yellow-rumped Flycatcher，北京市重点保护野生动物

绿背姬鹟（*Ficedula elisae*）
英文名：Green-backed Flycatcher，北京市重点保护野生动物

红喉姬鹟（*Ficedula albicilla*）
英文名：Taiga Flycatcher

王鹟科

寿带（*Terpsiphone incei*）

英文名：Amur Paradise-Flycatcher，北京市重点保护野生动物

栗色型 雄鸟

栗色型 雌鸟

莺鹛科

棕头鸦雀（*Sinosuthora webbiana*）
英文名：Vinous-throated Parrotbill，北京市重点保护野生动物

蝗莺科

矛斑蝗莺（*Locustella lanceolata*）
英文名：Lanceolated Warbler

小蝗莺（*Locustella certhiola*）
英文名：Pallas's Grasshopper Warbler

苇莺科

东方大苇莺（*Acrocephalus orientalis*）
英文名：Oriental Reed Warbler，北京市重点保护野生动物

黑眉苇莺（*Acrocephalus bistrigiceps*）
英文名：Black-browed Reed Warbler，北京市重点保护野生动物

远东苇莺（*Acrocephalus tangorum*）
英文名：Manchurian Reed Warbler

厚嘴苇莺（*Arundinax aedon*）
英文名：Thick-billed Warbler

褐柳莺（*Phylloscopus fuscatus*）
英文名：Dusky Warbler

巨嘴柳莺（*Phylloscopus schwarzi*）
英文名：Radde's Warbler

黄腰柳莺（*Phylloscopus proregulus*）
英文名：Pallas's Leaf Warbler，北京市重点保护野生动物

黄眉柳莺（*Phylloscopus inornatus*）
英文名 : Yellow-browed Warbler

极北柳莺（*Phylloscopus borealis*）
英文名：Arctic Warbler

树莺科

棕脸鹟莺（*Abroscopus albogularis*）
英文名：Rufous-faced Warbler

戴菊科

戴菊（*Regulus regulus*）
英文名：Goldcrest，北京市重点保护野生动物

山雀科

黄腹山雀（*Pardaliparus venustulus*）
英文名：Yellow-bellied Tit，北京市重点保护野生动物

雄鸟

雌鸟

沼泽山雀（*Poecile palustris*）
英文名：Marsh Tit

大山雀（*Parus cinereus*）
英文名：Cinereous Tit

百灵科

云雀（*Alauda arvensis*）
英文名：Eurasian Skylark，国家二级重点保护野生动物

长尾山雀科

银喉长尾山雀（*Aegithalos glaucogularis*）
英文名：Silver-throated Bushtit，北京市重点保护野生动物

绣眼鸟科

红胁绣眼鸟（*Zosterops erythropleurus*）
英文名：Chestnut-flanked White-eye，国家二级重点保护野生动物

暗绿绣眼鸟（*Zosterops japonicus*）
英文名：Japanese White-eye，北京市重点保护野生动物

噪鹛科

山噪鹛（*Garrulax davidi*）
英文名：Plain Laughingthrush，北京市重点保护野生动物

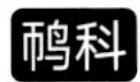

普通䴓（*Sitta europaea*）

英文名：Eurasian Nuthatch，北京市重点保护野生动物

黑头䴓（*Sitta villosa*）
英文名：Chinese Nuthatch，北京市重点保护野生动物

雀科

[树]麻雀（*Passer montanus*）
英文名：Eurasian Tree Sparrow

燕雀科

燕雀（*Fringilla montifringilla*）
英文名：Brambling，北京市重点保护野生动物

雄鸟
雌鸟

锡嘴雀（*Coccothraustes coccothraustes*）
英文名：Hawfinch，北京市重点保护野生动物

雄鸟
雌鸟

黑尾蜡嘴雀（*Eophona migratoria*）
英文名：Chinese Grosbeak，北京市重点保护野生动物

黑头蜡嘴雀（*Eophona personata*）
英文名：Japenese Grosbeak，北京市重点保护野生动物

普通朱雀（*Carpodacus erythrinus*）
英文名：Common Rosefinch

北朱雀（*Carpodacus roseus*）

英文名：Pallas's Rosefinch，国家二级重点保护野生动物

金翅雀（*Chloris sinica*）
英文名：Grey-capped Greenfinch，北京市重点保护野生动物

红交嘴雀（*Loxia curvirostra*）
英文名：Red Crossbill，国家二级重点保护野生动物

红额金翅雀（*Carduelis carduelis*）
英文名：European Goldfinch

黄雀（*Spinus spinus*）
英文名：Eurasian Siskin，北京市重点保护野生动物

三道眉草鹀（*Emberiza cioides*）
英文名：Meadow Bunting，北京市重点保护野生动物

雄鸟，非繁殖羽

白眉鹀（*Emberiza tristrami*）
英文名：Tristram's Bunting

雄鸟

雌鸟

栗耳鹀（*Emberiza fucata*）
英文名：Chestnut-eared Bunting

小鹀（*Emberiza pusilla*）
英文名：Little Bunting，北京市重点保护野生动物

黄眉鹀（*Emberiza chrysophrys*）
英文名：Yellow-browed Bunting

黄喉鹀（*Emberiza elegans*）
英文名：Yellow-throated Bunting，北京市重点保护野生动物

黄胸鹀（*Emberiza aureola*）
英文名：Yellow-breasted Bunting，国家一级重点保护野生动物

雄鸟，繁殖羽

雌鸟

栗鹀（*Emberiza rutila*）
英文名：Chestnut Bunting

灰头鹀（*Emberiza spodocephala*）
英文名：Black-faced Bunting

苇鹀（*Emberiza pallasi*）
英文名：Pallas's Bunting

附表　北京城市公园鸟类名录

种名	颐和园	天坛公园	玉渊潭公园	国家植物园（北园）	北京动物园	保护级别（国家级）
一、䴙䴘目 Podicipediformes						
（一）䴙䴘科 Podicipedidae						
1. 小䴙䴘 *Tachybaptus ruficollis*	●		●	●	●	
2. 赤颈䴙䴘 *Podiceps grisegena*	●					二级
3. 凤头䴙䴘 *Podiceps cristatus*	●		●			
4. 角䴙䴘 *Podiceps auritus*	●					二级
5. 黑颈䴙䴘 *Podiceps nigricollis*	●					二级
二、鹈形目 Pelecaniformes						
（二）鹮科 Threskiornithidae						
6. 白琵鹭 *Platalea leucorodia*	●	●				二级
（三）鹭科 Ardeidae						
7. 大麻鳽 *Botaurus stellaris*	●					
8. 黄斑苇鳽 *Ixobrychus sinensis*	●		●			
9. 夜鹭 *Nycticorax nycticorax*	●	●	●	●	●	
10. 池鹭 *Ardeola bacchus*	●		●	●	●	
11. 牛背鹭 *Bubulcus ibis*	●					
12. 苍鹭 *Ardea cinerea*	●	●	●	●	●	
13. 草鹭 *Ardea purpurea*	●		●			
14. 大白鹭 *Ardea alba*	●					
15. 中白鹭 *Ardea intermedia*	●					
16. 白鹭 *Egretta garzetta*	●	●	●	●	●	
三、雁形目 Anseriformes						
（四）鸭科 Anatidae						

（续）

种名	颐和园	天坛公园	玉渊潭公园	国家植物园（北园）	北京动物园	保护级别（国家级）
17. 鸿雁 *Anser cygnoides*	•	•	•	•		二级
18. 豆雁 *Anser fabalis*	•		•			
19. 短嘴豆雁 *Anser serrirostris*	•					
20. 灰雁 *Anser anser*	•		•			
21. 白额雁 *Anser albifrons*	•					二级
22. 斑头雁 *Anser indicus*	•		•		•	
23. 小天鹅 *Cygnus columbianus*	•					二级
24. 大天鹅 *Cygnus cygnus*	•		•			二级
25. 翘鼻麻鸭 *Tadorna tadorna*	•				•	
26. 赤麻鸭 *Tadorna ferruginea*	•		•	•	•	
27. 鸳鸯 *Aix galericulata*	•	•	•	•	•	二级
28. 赤膀鸭 *Mareca strepera*	•		•			
29. 罗纹鸭 *Mareca falcata*	•		•			
30. 赤颈鸭 *Mareca penelope*	•					
31. 绿头鸭 *Anas platyrhynchos*	•	•	•	•	•	
32. 斑嘴鸭 *Anas poecilorhyncha*	•				•	
33. 针尾鸭 *Anas acuta*	•					
34. 绿翅鸭 *Anas crecca*	•		•			
35. 琵嘴鸭 *Spatuda clypeata*	•					
36. 白眉鸭 *Spatuda querquedula*	•		•			
37. 花脸鸭 *Sibirionetta formosa*	•		•			二级
38. 赤嘴潜鸭 *Netta rufina*	•					
39. 凤头潜鸭 *Aythya fuligula*	•		•			
40. 红头潜鸭 *Aythya ferina*	•				•	
41. 青头潜鸭 *Aythya baeri*	•					一级
42. 白眼潜鸭 *Aythya nyroca*	•		•			
43. 长尾鸭 *Clangula hyemalis*	•					
44. 鹊鸭 *Bucephala clangula*	•		•			
45. 斑头秋沙鸭 *Mergellus albellus*	•		•			二级

（续）

种名	颐和园	天坛公园	玉渊潭公园	国家植物园（北园）	北京动物园	保护级别（国家级）
46. 普通秋沙鸭 *Mergus merganser*	•	•	•			
47. 红胸秋沙鸭 *Mergus serrator*	•					
四、鹰形目 Accipitriformes						
（五）鹗科 Pandionidae						
48. 鹗 *Pandion haliaetus*	•		•			二级
（六）鹰科 Accipitridae						
49. 黑翅鸢 *Elanus caeruleus*		•				二级
50. 凤头蜂鹰 *Pernis ptilorhynchus*		•	•	•		二级
51. 秃鹫 *Aegypius monachus*				•		一级
52. 乌雕 *Clanga clanga*		•		•		一级
53. 金雕 *Aquila chrysaetos*				•		一级
54. 凤头鹰 *Accipiter trivirgatus*			•			二级
55. 赤腹鹰 *Accipiter soloensis*		•			•	二级
56. 日本松雀鹰 *Accipiter gularis*	•	•				二级
57. 雀鹰 *Accipiter nisus*	•	•	•	•	•	二级
58. 苍鹰 *Accipiter gentilis*		•		•		二级
59. 白腹鹞 *Circus spilonotus*	•	•				二级
60. 白尾鹞 *Circus cyaneus*	•			•		二级
61. 鹊鹞 *Circus melanoleucos*		•			•	二级
62. 黑鸢 *Milvus migrans*		•		•		二级
63. 白尾海雕 *Haliaeetus albicilla*			•			一级
64. 灰脸鵟鹰 *Butastur indicus*	•					二级
65. 大鵟 *Buteo hemilasius*	•					二级
66. 普通鵟 *Buteo buteo*	•	•	•	•		二级
五、隼形目 Falconiformes						
（七）隼科 Falconidae						
67. 红隼 *Falco tinnunculus*	•	•	•	•	•	二级
68. 红脚隼 *Falco amurensis*	•	•	•	•	•	二级
69. 燕隼 *Falco subbuteo*	•	•	•	•	•	二级

（续）

种名	颐和园	天坛公园	玉渊潭公园	国家植物园（北园）	北京动物园	保护级别（国家级）
70. 猎隼 *Falco cherrug*		•		•		一级
71. 游隼 *Falco peregrinus*	•	•	•	•		二级
六、鸡形目 Galliformes						
（八）雉科 Phasianidae						
72. 鹌鹑 *Coturnix japonica*		•				
73. 环颈雉 *Phasianus colchicus*			•	•		
七、鸨形目 Otidiformes						
（九）鸨科 Rallidae						
74. 大鸨 *Otis tarda*			•			一级
八、鹤形目 Gruiformes						
（十）秧鸡科 Rallidae						
75. 普通秧鸡 *Rallus indicus*					•	
76. 白胸苦恶鸟 *Amaurornis phoenicurus*	•		•		•	
77. 黑水鸡 *Gallinula chloropus*	•		•	•		
78. 白骨顶 *Fulica atra*	•		•			
九、鸻形目 Charadriiformes						
（十一）反嘴鹬科 Recurvirostridae						
79. 黑翅长脚鹬 *Himantopus himantopus*	•		•			
80. 反嘴鹬 *Recurvirostra avosetta*	•		•			
（十二）鸻科 Charadriidae						
81. 凤头麦鸡 *Vanellus vanellus*			•			
（十三）鹬科 Scolopacidae						
82. 丘鹬 *Scolopax rusticola*		•			•	
83. 大沙锥 *Gallinago megala*			•			
84. 扇尾沙锥 *Gallinago gallinago*					•	
85. 红脚鹬 *Tringa totanus*			•			
86. 白腰草鹬 *Tringa ochropus*			•			
87. 矶鹬 *Actitis hypoleucos*	•		•			
（十四）三趾鹑科 Turnicidae						

（续）

种名	颐和园	天坛公园	玉渊潭公园	国家植物园（北园）	北京动物园	保护级别（国家级）
88. 黄脚三趾鹑 *Turnix tanki*			•			
（十五）鸥科 Laridae						
89. 棕头鸥 *Chroicocephalus brunnicephalus*			•			
90. 红嘴鸥 *Chroicocephalus ridibundus*	•		•		•	
91. 黑尾鸥 *Larus crassirostris*					•	
92. 西伯利亚银鸥 *Larus smithsonianus*	•		•		•	
93. 普通燕鸥 *Sterna hirundo*			•			
94. 灰翅浮鸥 *Chlidonias hybrida*	•					
十、鹳形目 Ciconiiformes						
（十六）鹳科 Ciconiidae						
95. 黑鹳 *Ciconia nigra*				•		一级
十一、鲣鸟目 Suliformes						
（十七）鸬鹚科 Phalacrocoracidae						
96. 普通鸬鹚 *Phalacrocorax carbo*	•	•	•	•		
十二、鸽形目 Columbiformes						
（十八）鸠鸽科 Columbidae						
97. 岩鸽 *Columba rupestris*				•		
98. 山斑鸠 *Streptopelia orientalis*	•	•	•	•		
99. 灰斑鸠 *Streptopelia decaocto*			•	•		
100. 珠颈斑鸠 *Streptopelia chinensis*	•	•	•	•	•	
十三、鹃形目 Cuculiformes						
（十九）杜鹃科 Cuculidae						
101. 红翅凤头鹃 *Clamator coromandus*		•				
102. 噪鹃 *Eudynamys scolopaceus*				•		
103. 大鹰鹃 *Hierococcyx sparverioides*		•				
104. 北棕腹鹰鹃 *Hierococcyx hyperythrus*		•				
105. 东方中杜鹃 *Cuculus optatus*	•				•	
106. 四声杜鹃 *Cuculus micropterus*	•	•	•	•	•	
107. 大杜鹃 *Cuculus canorus*	•	•	•	•		

（续）

种名	颐和园	天坛公园	玉渊潭公园	国家植物园（北园）	北京动物园	保护级别（国家级）
十四、鸮形目 Strigiformes						
（二十）鸱鸮科 Strigidae						
108. 红角鸮 *Otus sunia*	●		●	●		二级
109. 北领角鸮 *Otus semitorques*				●		二级
110. 雕鸮 *Bubo bubo*		●				二级
111. 灰林鸮 *Strix aluco*				●		二级
112. 纵纹腹小鸮 *Athene noctua*				●		二级
113. 日本鹰鸮 *Ninox japonica*		●				二级
114. 长耳鸮 *Asio otus*						二级
115. 短耳鸮 *Asio flammeus*						二级
十五、夜鹰目 Caprimulgiformes						
（二十一）夜鹰科 Caprimulgidae						
116. 普通夜鹰 *Caprimulgus indicus*		●	●		●	
（二十二）雨燕科 Apodidiae						
117. 普通雨燕 *Apus apus*	●	●	●	●	●	
118. 白腰雨燕 *Apus pacificus*	●	●				
十六、佛法僧目 Coraciiformes						
（二十三）佛法僧科 Coraciidae						
119. 三宝鸟 *Eurystomus orientalis*		●		●		
（二十四）翠鸟科 Alcedinidae						
120. 普通翠鸟 *Alcedo atthis*	●		●	●	●	
121. 冠鱼狗 *Megaceryle lugubris*	●		●			
122. 斑鱼狗 *Ceryle rudis*			●			
十七、犀鸟目 Bucerotiformes						
（二十五）戴胜科 Upupidae						
123. 戴胜 *Upupa epops*	●	●	●	●	●	
十八、啄木鸟目 Piciformes						
（二十六）啄木鸟科 Picidae						
124. 蚁䴕 *Jynx torquilla*		●	●	●	●	

（续）

种名	颐和园	天坛公园	玉渊潭公园	国家植物园（北园）	北京动物园	保护级别（国家级）
125. 棕腹啄木鸟 *Dendrocopos hyperythrus*		•	•		•	
126. 星头啄木鸟 *Dendrocopos canicapillus*	•	•	•	•	•	
127. 大斑啄木鸟 *Dendrocopos major*	•	•	•	•	•	
128. 灰头绿啄木鸟 *Picus canus*	•	•	•	•	•	
十九、雀形目 Passeriformes						
（二十七）山椒鸟科 Campephagidae						
129. 暗灰鹃䴗 *Lalage melaschistos*			•			
130. 灰山椒鸟 *Pericrocotus divaricatus*		•	•	•		
131. 长尾山椒鸟 *Pericrocotus ethologus*		•				
（二十八）燕科 Hirundinidae						
132. 家燕 *Hirundo rustica*	•	•	•	•	•	
133. 金腰燕 *Cecropis daurica*	•	•	•	•	•	
（二十九）鹡鸰科 Motacillidae						
134. 山鹡鸰 *Dendronanthus indicus*		•	•			
135. 黄头鹡鸰 *Motacilla citreola*			•			
136. 灰鹡鸰 *Motacilla cinerea*	•	•	•	•	•	
137. 白鹡鸰 *Motacilla alba*	•	•	•	•	•	
138. 树鹨 *Anthus hodgsoni*	•	•	•	•	•	
139. 水鹨 *Anthus spinoletta*	•				•	
（三十）鹎科 Pycnonotidae						
140. 领雀嘴鹎 *Spizixos semitorques*				•	•	
141. 白头鹎 *Pycnonotus sinensis*	•	•	•	•	•	
142. 栗耳短脚鹎 *Hypsipetes amaurotis*			•			
（三十一）太平鸟科 Bombycillidae						
143. 太平鸟 *Bombycilla garrulus*	•	•	•	•	•	
144. 小太平鸟 *Bombycilla japonica*	•	•	•	•	•	
（三十二）伯劳科 Laniidae						
145. 牛头伯劳 *Lanius bucephalus*			•			

（续）

种名	颐和园	天坛公园	玉渊潭公园	国家植物园（北园）	北京动物园	保护级别（国家级）
146. 红尾伯劳 *Lanius cristatus*	•	•	•	•	•	
（三十三）黄鹂科 Oriolidae						
147. 黑枕黄鹂 *Oriolus chinensis*	•	•	•	•	•	
（三十四）卷尾科 Dicruridae						
148. 黑卷尾 *Dicrurus macrocercus*	•	•	•	•		
149. 灰卷尾 *Dicrurus leucophaeus*		•				
150. 发冠卷尾 *Dicrurus hottentottus*		•		•		
（三十五）鹪鹩科 Troglodytidae						
151. 鹪鹩 *Troglodytes troglodytes*	•		•	•	•	
（三十六）椋鸟科 Sturnidae						
152. 八哥 *Acridotheres cristatellus*	•	•	•	•	•	
153. 丝光椋鸟 *Spodiopsar sericeus*	•	•	•	•	•	
154. 灰椋鸟 *Spodiopsar cineraceus*	•	•	•	•	•	
155. 北椋鸟 *Agropsar sturninus*					•	
（三十七）鸦科 Corvidae						
156. 松鸦 *Garrulus glandarius*				•		
157. 灰喜鹊 *Cyanopica cyanus*	•	•	•	•	•	
158. 红嘴蓝鹊 *Urocissa erythroryncha*	•	•	•	•	•	
159. 喜鹊 *Pica pica*	•	•	•	•	•	
160. 达乌里寒鸦 *Corvus dauuricus*		•	•	•	•	
161. 秃鼻乌鸦 *Corvus frugilegus*		•	•	•		
162. 小嘴乌鸦 *Corvus corone*	•	•	•	•	•	
163. 大嘴乌鸦 *Corvus macrorhynchos*	•	•	•	•	•	
（三十八）岩鹨科 Prunellidea						
164. 棕眉山岩鹨 *Prunella montanella*			•	•	•	
（三十九）鸫科 Turdidae						
165. 白眉地鸫 *Geokichla sibirica*		•				
166. 虎斑地鸫 *Zoothera dauma*		•	•		•	
167. 灰背鸫 *Turdus hortulorum*		•	•			

(续)

种名	颐和园	天坛公园	玉渊潭公园	国家植物园(北园)	北京动物园	保护级别(国家级)
168. 乌灰鸫 *Turdus cardis*		•				
169. 乌鸫 *Turdus mandarinus*	•	•	•	•	•	
170. 褐头鸫 *Turdus feae*		•				二级
171. 白眉鸫 *Turdus obscurus*		•	•			
172. 赤胸鸫 *Turdus chrysolaus*	•					
173. 黑喉鸫 *Turdus atrogularis*	•	•	•			
174. 赤颈鸫 *Turdus ruficollis*	•	•	•	•	•	
175. 斑鸫 *Turdus eunomus*	•	•	•	•	•	
176. 红尾鸫 *Turdus naumanni*	•	•	•	•	•	
177. 宝兴歌鸫 *Turdus mupinensis*		•	•	•	•	
(四十)鹟科 Muscicapidae						
178. 欧亚鸲 *Erithacus rubecula*		•			•	
179. 红尾歌鸲 *Larvivora sibilans*			•			
180. 蓝歌鸲 *Larvivora cyane*		•	•		•	
181. 红喉歌鸲 *Calliope calliope*		•	•		•	二级
182. 蓝喉歌鸲 *Luscinia svecica*		•	•			二级
183. 红胁蓝尾鸲 *Tarsiger cyanurus*	•	•	•	•	•	
184. 蓝额红尾鸲 *Phoenicuropsis frontalis*				•		
185. 赭红尾鸲 *Phoenicurus ochruros*			•			
186. 北红尾鸲 *Phoenicurus auroreus*	•	•	•	•	•	
187. 黑喉石䳭 *Saxicola maurus*	•	•	•		•	
188. 白喉矶鸫 *Monticola gularis*		•	•		•	
189. 乌鹟 *Muscicapa sibirica*	•	•	•	•	•	
190. 北灰鹟 *Muscicapa dauurica*	•	•	•	•		
191. 灰纹鹟 *Muscicapa griseisticta*		•				
192. 白眉姬鹟 *Ficedula zanthopygia*		•	•	•	•	
193. 绿背姬鹟 *Ficedula elisae*		•	•		•	
194. 红喉姬鹟 *Ficedula albicilla*	•	•	•	•	•	
195. 红胸姬鹟 *Ficedula parva*		•				

（续）

种名	颐和园	天坛公园	玉渊潭公园	国家植物园（北园）	北京动物园	保护级别（国家级）
（四十一）王鹟科 Monarchidae						
196. 寿带 *Terpsiphone incei*			●	●		
（四十二）莺鹛科 Sylviidae						
197. 棕头鸦雀 *Sinosuthora webbianus*	●		●	●	●	
（四十三）蝗莺科 Locustellidae						
198. 矛斑蝗莺 *Locustella lanceolata*		●	●			
199. 小蝗莺 *Locustella certhiola*		●	●			
（四十四）苇莺科 Acrocephalidae						
200. 东方大苇莺 *Acrocephalus orientalis*	●		●	●		
201. 黑眉苇莺 *Acrocephalus bistrigiceps*	●	●	●		●	
202. 远东苇莺 *Acrocephalus tangorum*			●			
203. 厚嘴苇莺 *Arundinax aedon*		●	●	●		
（四十五）柳莺科 Phylloscopidae						
204. 褐柳莺 *Phylloscopus fuscatus*	●	●	●	●	●	
205. 巨嘴柳莺 *Phylloscopus schwarzi*	●	●	●	●	●	
206. 云南柳莺 *Phylloscopus yunnanensis*	●		●			
207. 黄腰柳莺 *Phylloscopus proregulus*	●	●	●	●	●	
208. 黄眉柳莺 *Phylloscopus inornatus*	●	●	●	●	●	
209. 淡眉柳莺 *Phylloscopus humei*		●				
210. 极北柳莺 *Phylloscopus borealis*	●	●	●	●	●	
211. 双斑绿柳莺 *Phylloscopus plumbeitarsus*	●	●				
212. 淡脚柳莺 *Phylloscopus tenellipes*		●				
213. 冕柳莺 *Phylloscopus coronatus*		●		●		
214. 冠纹柳莺 *Phylloscopus reguloides*		●	●			
215. 淡尾鹟莺 *Seicercus soror*		●				
（四十六）树莺科 Cettiidae						
216. 棕脸鹟莺 *Abroscopus albogularis*		●				
217. 鳞头树莺 *Urosphena squameiceps*		●				
218. 远东树莺 *Horornis canturians*			●			

（续）

种名	颐和园	天坛公园	玉渊潭公园	国家植物园（北园）	北京动物园	保护级别（国家级）
（四十七）戴菊科 Regulidae						
219. 戴菊 *Regulus regulus*	•	•	•	•		
（四十八）山雀科 Paridae						
220. 黄腹山雀 *Pardaliparus venustulus*	•	•	•	•	•	
221. 沼泽山雀 *Poecile palustris*	•	•	•	•	•	
222. 大山雀 *Parus cinereus*	•	•	•	•	•	
（四十九）百灵科 Alaudidae						
223. 云雀 *Alauda arvensis*			•			二级
（五十）长尾山雀科 Aegithalidae						
224. 银喉长尾山雀 *Aegithalos caudatus*	•	•	•	•	•	
（五十一）绣眼鸟科 Zosteropidae						
225. 红胁绣眼鸟 *Zosterops erythropleurus*		•	•		•	二级
226. 暗绿绣眼鸟 *Zosterops japonica*	•	•	•	•	•	
（五十二）噪鹛科 Leiothrichidae						
227. 山噪鹛 *Garrulax davidi*				•		
（五十三）䴓科 Sittidae						
228. 普通䴓 *Sitta europaea*	•			•		
229. 黑头䴓 *Sitta villosa*	•	•		•		
（五十四）雀科 Passeridae						
230. 麻雀 *Passer montanus*	•	•	•	•	•	
（五十五）燕雀科 Fringillidae						
231. 燕雀 *Fringilla montifringilla*	•	•	•	•	•	
232. 锡嘴雀 *Coccothraustes coccothraustes*	•		•	•	•	
233. 黑尾蜡嘴雀 *Eophona migratoria*	•	•	•	•	•	
234. 黑头蜡嘴雀 *Eophona personata*					•	
235. 普通朱雀 *Carpodacus erythrinus*		•	•	•	•	
236. 北朱雀 *Carpodacus roseus*				•		二级
237. 金翅雀 *Chloris sinica*	•	•	•	•	•	

（续）

种名	颐和园	天坛公园	玉渊潭公园	国家植物园（北园）	北京动物园	保护级别（国家级）
238. 白腰朱顶雀 *Acanthis flammea*			•			
239. 红交嘴雀 *Loxia curvirostra*				•		二级
240. 黄雀 *Spinus spinus*	•	•	•	•	•	
（五十六）鹀科 Emberizidae						
241. 白头鹀 *Emberiza leucocephalos*	•					
242. 灰眉岩鹀 *Emberiza godlewskii*			•			
243. 三道眉草鹀 *Emberiza cioides*			•	•	•	
244. 白眉鹀 *Emberiza tristrami*		•	•	•		
245. 栗耳鹀 *Emberiza fucata*			•	•		
246. 小鹀 *Emberiza pusilla*		•	•	•	•	
247. 黄眉鹀 *Emberiza chrysophrys*		•	•		•	
248. 黄喉鹀 *Emberiza elegans*	•	•	•	•	•	
249. 黄胸鹀 *Emberiza aureola*			•			一级
250. 栗鹀 *Emberiza rutila*		•	•		•	
251. 灰头鹀 *Emberiza spodocephala*			•			
252. 苇鹀 *Emberiza pallasi*	•			•		

注："•" 表示观察到的公园。

北海白塔

图书在版编目（CIP）数据

北京城市公园鸟类及其保护 / 北京市公园管理中心，北京动物园管理处组编 . -- 北京 : 中国农业出版社，2024.10

ISBN 978-7-109-31331-6

Ⅰ . ①北… Ⅱ . ①北… ②北… Ⅲ . ①城市公园－鸟类－动物保护－北京 Ⅳ . ① Q959.7

中国国家版本馆 CIP 数据核字 (2023) 第 212150 号

北京城市公园鸟类及其保护 Beijing Chengshi Gongyuan Niaolei Jiqi Baohu

中国农业出版社出版

地址：北京市朝阳区麦子店街18号楼

邮编：100125

责任编辑：周锦玉

版式设计：刘亚宁　　责任校对：吴丽婷　　责任印制：王　宏

印刷：北京中科印刷有限公司

版次：2024年10月第1版

印次：2024年10月北京第1次印刷

发行：新华书店北京发行所

开本：700mm×1000mm　1/16

印张：22.25

字数：423千字

定价：268.00元